Mathematik verstehen 5

Grundkompetenztraining für die Reifeprüfung

Univ.-Prof. Mag. Dr. Günther Malle
Hochschulprofessorin Mag. Dr. Maria Koth
Mag. Christian Dorner, BSc.
Prof. Mag. Dr. Helge Woschitz
Prof. Mag. Sonja Malle
Prof. Mag. Dr. Bernhard Salzger

www.oebv.at

Inhaltsverzeichnis

A Lineare Gleichungen, Terme und Formeln, Prozentrechnung

Terme und Formeln

Grundkompetenzen für die Reifeprüfung

Grundwissen in Kurzform

Regeln zum Umformen von Gleichungen

- **Elementarumformungsregeln:** Für alle reellen Zahlen A, B, C gilt:

  (1) $A + B = C \Leftrightarrow A = C - B$ (2) $A \cdot B = C \Leftrightarrow A = \frac{C}{B}$ (sofern $B \neq 0$)

- **Waageregeln:** Für alle reellen Zahlen A, B, C gilt:

  (1) $A = B \Leftrightarrow A + C = B + C$ (3) $A = B \Leftrightarrow A \cdot C = B \cdot C$ $(C \neq 0)$

  (2) $A = B \Leftrightarrow A - C = B - C$ (4) $A = B \Leftrightarrow \frac{A}{C} = \frac{B}{C}$ $(C \neq 0)$

Regeln zum Umformen von Termen

- **Klammerauflösungsregeln:**   zB $A - (B + C) = A - B - C$

- **Distributivgesetze:**   zB $A \cdot (B + C) = A \cdot B + A \cdot C$

- **Ausmultiplizieren von Klammern:**   zB $(A + B) \cdot (C - D) = A \cdot C + B \cdot C - A \cdot D - B \cdot D$

- **Binomische Formeln:** $(A \pm B)^2 = A^2 \pm 2AB + B^2$, $(A + B) \cdot (A - B) = A^2 - B^2$

- **Rechenregeln für Brüche:**   zB $\frac{A}{B} : \frac{C}{D} = \frac{A}{B} \cdot \frac{D}{C} = \frac{A \cdot D}{B \cdot C}$ $(B, C, D \neq 0)$

Lineare Gleichung

$a \cdot x + b = 0$ (mit $a \neq 0$)   **Lösung:** $x = -\frac{b}{a}$

Prozentrechnung

$1\% = \frac{1}{100}$ $x\%$ von $y = \frac{x}{100}$ von $y = \frac{x}{100} \cdot y$

(1) Vermehrung um $p\% \triangleq$ Multiplikation mit $\left(1 + \frac{p}{100}\right)$

(2) Verminderung um $p\% \triangleq$ Multiplikation mit $\left(1 - \frac{p}{100}\right)$

Üben für die Reifeprüfung

AG 1.2 **A.1** Ordne jeder Gleichung aus der linken Tabelle ihre
Lösung aus der rechten Tabelle zu!

$21 - 4x = 6x + 6$	
$3x - 15 = 5x - 10$	
$2x + 5 = 7x + 10$	
$4x - 9 = 11 - 4x$	

A	$x = -2{,}5$
B	$x = -1{,}5$
C	$x = -1$
D	$x = 1$
E	$x = 1{,}5$
F	$x = 2{,}5$

AG 1.2 **A.2** Kreuze alle richtigen Umformungen an!

$\frac{1}{\frac{1}{1-a}} = 1 - a$	$\frac{a}{\frac{1}{a}} = 1$	$\frac{\frac{1}{a}}{a-1} = \frac{1}{a \cdot (a-1)}$	$\frac{1}{\frac{1}{a-1}} = \frac{1}{a-1}$	$\frac{\frac{1}{1-a}}{a} = \frac{a}{1-a}$
☐	☐	☐	☐	☐

AG 1.2 **A.3** Es sind $u, v \in \mathbb{R}^+$.
Kreuze diejenigen Gleichungen an, die zur Gleichung $\frac{u+v}{u} - 1 = u$
äquivalent sind!

$v = u^2$	☐
$u + v = u(u + 1)$	☐
$u + v = v(v + 1)$	☐
$\frac{v - u^2}{u} = 0$	☐
$\frac{u^2 - v}{v} = 0$	☐

AG 1.2 **A.4** Es sind $a, b, c, d, e, f \in \mathbb{R}^+$.
Kreuze diejenigen Gleichungen an, die zur Gleichung $a = b + \frac{c-d}{e} \cdot f$
äquivalent sind!

$b = \frac{ae - cf - df}{e}$	☐
$c = \frac{df + ae - be}{f}$	☐
$d = \frac{cf - ae + be}{f}$	☐
$e = \frac{c - d}{a - b} \cdot f$	☐
$f = \frac{b - a}{c - d} \cdot e$	☐

AG 2.2 **A.5** Es seien $a, b, c \in \mathbb{R}$.
Ergänze durch Ankreuzen den folgenden Text so, dass eine korrekte Aussage entsteht!

Für _____①_____ hat die Gleichung $a \cdot x + b = c$ _____②_____ .

①	
$b = 0 \wedge a = c$	☐
$c = 0 \wedge a = b$	☐
$a = b = c = 1$	☐

②	
nur die Lösung $x = 1$	☐
nur die Lösung $x = 0$	☐
nur die Lösung $x = -1$	☐

AG 2.1 **A.6** Die Abbildung rechts zeigt ein Trapez.
Stelle eine Formel für den Flächeninhalt A dieses Trapezes auf und drücke
anschließend die Seitenlänge d aus dieser Formel aus!

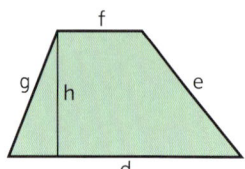

A = _____

d = _____

AG 2.1   **A.7**   Ein quaderförmiges Paket mit den Kantenlängen a, b und c wird auf verschiedene Arten verschnürt.

Ordne jedem dieser vier Pakete eine Formel für die benötigte Schnurlänge S aus der rechten Tabelle zu!

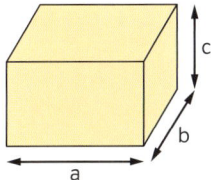

A	$S = 6a + 6b + 4c$
B	$S = 4a + 6b + 6c$
C	$S = 6a + 4b + 6c$
D	$S = 4a + 8b + 4c$
E	$S = 8a + 4b + 4c$
F	$S = 4a + 4b + 8c$

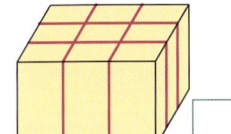 ☐   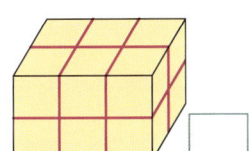 ☐   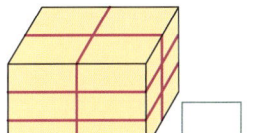 ☐   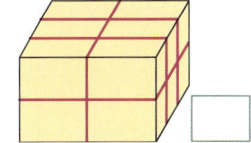 ☐

AG 2.1   **A.8**   Eine Firma erzeugt ein Gerät in Normalausführung und in Luxusausführung. Es sei P der Preis eines Normalgeräts und Q der Preis eines Luxusgeräts. Die Firmenleitung legt fest, dass ein Luxusgerät um 50 € teurer sein soll als ein Normalgerät.

Kreuze in der nebenstehenden Tabelle die beiden Gleichungen an, die dies korrekt wiedergeben.

$Q = 50\,P$	☐
$Q + 50 = P$	☐
$Q = P + 50$	☐
$\dfrac{Q}{P} = \dfrac{1}{50}$	☐
$\dfrac{Q - P}{50} = 1$	☐

AG 2.1   **A.9**   Unten findet sich der Plan einer Wohnung. Ordne jedem Term in der linken Tabelle einen Teilbereich der Wohnung aus der rechten Tabelle zu, der den angegebenen Flächeninhalt hat!

$(a - b) \cdot (e - d)$	
$(e - f) \cdot b$	
$a \cdot d - b \cdot d + b \cdot f$	
$(a - b) \cdot e$	

A	$A + K$
B	$K + W$
C	$B + V + K$
D	$A + S + B$
E	$S + B$
F	$W + V$

AG 2.1   **A.10**   Gegeben ist die Abbildung aus Aufgabe A.9. Gib Formeln für die folgenden Größen an!

a) Umfang des Arbeitszimmers: b) Umfang des Wohnzimmers:

$u_A = $ _____ $u_W = $ _____

AG 2.1   **A.11**   Mit A wird der Flächeninhalt, mit r_1 der größere Radius und mit r_2 der kleinere Radius eines Kreisrings bezeichnet. Kreuze die beiden richtigen Formeln an!

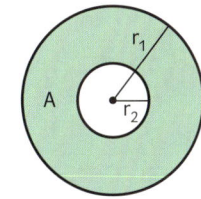

$r_2 = \sqrt{\dfrac{A}{\pi} + r_1^{\,2}}$	☐
$r_1 = \sqrt{\dfrac{A}{\pi} + r_2^{\,2}}$	☐
$r_2 = \sqrt{\dfrac{A}{\pi} - r_1^{\,2}}$	☐
$r_1 = \dfrac{1}{\pi} \cdot \sqrt{A + r_2^{\,2}\pi}$	☐
$r_2 = \sqrt{\dfrac{r_1^{\,2}\pi - A}{\pi}}$	☐

AG 2.1 **A.12** Jemand gibt von einem Geldbetrag zuerst ein Viertel aus und anschließend noch ein Fünftel des verbliebenen Geldes. Es verbleiben ihm 600 €. Wie viel besaß er am Anfang?

AG 2.1 **A.13** In einer Gemeinde sollen x Männer und y Frauen befragt werden, wen sie sich für das Bürgermeisteramt wünschen. Ein Gemeinderat nimmt an, dass sich mindestens 45 % der Männer und mindestens 55 % der Frauen die Gemeinderätin Helga Müller als Bürgermeisterin wünschen.

Kreuze die beiden Terme an, die die Mindestanzahl aller Wählerinnen und Wähler von Frau Müller angeben, falls diese Annahme zutrifft!

$45 \cdot x + 55 \cdot y$	☐
$(0,45 + 0,55) \cdot (x + y)$	☐
$0,45 \cdot x + 0,55 \cdot y$	☐
$100 \cdot (0,45 \cdot x + 0,55 \cdot y)$	☐
$\dfrac{45 \cdot x + 55 \cdot y}{100}$	☐

AG 2.1 **A.14** Fabian legt jeden Monat 245 € auf sein Sparbuch, das sind 14 % seines Monatseinkommens.

Wie hoch ist sein Monatseinkommen?

AG 2.1 **A.15** In Schnellzügen kann man zwischen Sitzplätzen der 1. Klasse und der 2. Klasse wählen. Die 1. Klasse ist mit mehr Sitzkomfort verbunden, allerdings ist der Fahrpreis um 75 % teurer als der Fahrpreis für die 2. Klasse. Wer eine Bahn-Vorteilscard um 99 € kauft, erhält ein volles Jahr lang bei allen Bahnfahrten 45 % Ermäßigung auf den jeweiligen Fahrpreis.

Um wie viel Prozent ist ein 1. Klasse-Ticket bei Verwendung einer Vorteilscard billiger als ein 2.Klasse-Ticket ohne Vorteilscard?

AG 2.1 **A.16** Fachleute sagen, dass 60 % aller schwerwiegenden Fahrradunfälle mit Kopfverletzungen verbunden sind, und dass 45 % aller Kopfverletzungen tödlich sind.

Wie viel Prozent aller schwerwiegenden Fahrradunfälle sind mit tödlichen Kopfverletzungen verbunden?

15 %	☐
27 %	☐
30 %	☐
39 %	☐
54 %	☐
105 %	☐

AG 2.1 **A.17** Eine Waschpulversorte wird in quaderförmigen Kartons mit den Kantenlängen a = 40 cm, b = 10 cm und c = 50 cm verkauft. Die Herstellerfirma beschließt, alle Kantenlängen des Kartons um 10 % zu vergrößern.

Um wie viel cm³ nimmt das Volumen des Kartons dabei zu?

20 cm^3	☐
331 cm^3	☐
420 cm^3	☐
2 000 cm^3	☐
4 200 cm^3	☐
6 620 cm^3	☐

AG 2.1 **A.18** Verkleinert man eine Zahl x um 4 % und anschließend die erhaltene Zahl um 10 %, so erhält man als Ergebnis 756. Berechne die ursprüngliche Zahl x!

B Zahlen

■ AG 1.1   Wissen über die Zahlenmengen $\mathbb{N}$, $\mathbb{Z}$, $\mathbb{Q}$, $\mathbb{R}$ verständig einsetzen können.

Grundwissen in Kurzform

Zahlenmengen

$\mathbb{N} = \{0, 1, 2, 3, \ldots\}$	Menge der **natürlichen Zahlen**
$\mathbb{N}^* = \{1, 2, 3, \ldots\}$	Menge der **natürlichen Zahlen ohne Null**
$\mathbb{Z} = \{\ldots, -3, -2, -1, 0, 1, 2, 3, \ldots\}$	Menge der **ganzen Zahlen**
$\mathbb{Q} = \{\frac{z}{n} \mid z \in \mathbb{Z} \text{ und } n \in \mathbb{N}^*\}$	Menge der **rationalen Zahlen**
$\mathbb{R}$	Menge der **reellen Zahlen**
$\mathbb{I} = \mathbb{R} \setminus \mathbb{Q}$	Menge der **irrationalen Zahlen**

$$\mathbb{N} \subset \mathbb{Z} \subset \mathbb{Q} \subset \mathbb{R}$$

Beispiele für irrationale Zahlen: π, $\sqrt{2}$

$\sqrt{n}$ mit $n \in \mathbb{N}^*$ ist irrational, wenn n keine Quadratzahl ist

Bruch- und Dezimaldarstellung

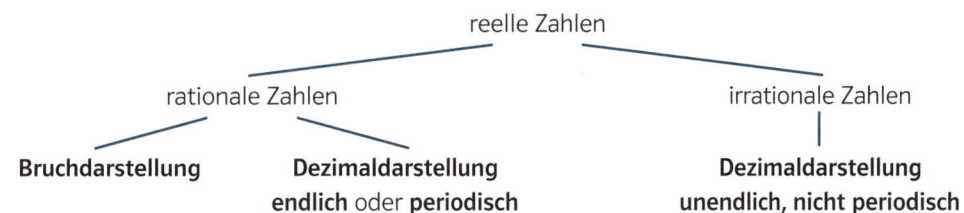

reelle Zahlen

rationale Zahlen   irrationale Zahlen

Bruchdarstellung   **Dezimaldarstellung** endlich oder **periodisch**   **Dezimaldarstellung** unendlich, nicht periodisch

Darstellung auf einer Zahlengeraden

■ Jeder reellen Zahl entspricht ein Punkt auf einer Zahlengeraden und umgekehrt.

■ Jeder rationalen Zahl entspricht ein Punkt auf einer Zahlengeraden, aber nicht jedem Punkt einer Zahlengeraden entspricht eine rationale Zahl.

Zehnerpotenzen

$$10^n = \underbrace{10 \cdot 10 \cdot \ldots \cdot 10}_{n \text{ Faktoren}} \qquad 10^{-n} = \frac{1}{10^n} \qquad 10^0 = 1 \quad (n \in \mathbb{N})$$

10^n (mit $n \in \mathbb{Z}$) heißt Potenz mit der Basis 10 (kurz Zehnerpotenz).

Gleitkommadarstellung

$m \cdot 10^k$ mit $m \in \mathbb{Q}$, $k \in \mathbb{Z}$, $1 \leq m < 10$

Festkommadarstellung: 643,71   Gleitkommadarstellung: $6{,}4371 \cdot 10^2$

Mantisse   Zehnerpotenz

Üben für die Reifeprüfung

AG 1.1 **B.1** Kreuze alle zutreffenden Aussagen an!

Die Zahl $\sqrt{400}$ ist eine natürliche Zahl.	☐
Die Zahl 5 ist eine rationale Zahl.	☐
Die Zahl $\frac{5}{2}$ ist eine ganze Zahl.	☐
Die Zahl $0,0\dot{4}$ ist eine irrationale Zahl.	☐
Die Zahl 0 ist eine reelle Zahl.	☐

AG 1.1 **B.2** Kreuze alle zutreffenden Aussagen an!

Die Zahl $\sqrt{2}$ ist ein Element der Menge $\mathbb{Q}$, aber nicht der Menge $\mathbb{R}$.	☐
Die Zahl 16 ist sowohl ein Element der Menge $\mathbb{N}$ als auch der Menge $\mathbb{Z}$.	☐
Die Zahl $\sqrt[3]{27}$ ist kein Element der Menge $\mathbb{Z}$.	☐
Die Zahl $-0,5$ ist sowohl ein Element der Menge $\mathbb{Q}$ als auch der Menge $\mathbb{R}$.	☐
Die Zahl 6π ist kein Element der Menge $\mathbb{Q}$, aber ein Element der Menge $\mathbb{R}$.	☐

AG 1.1 **B.3** Ordne jeder Zahl der linken Tabelle die kleinste Menge aus der rechten Tabelle zu, in der die jeweilige Zahl liegt!

a)

$-\frac{15}{3}$	
$\frac{10}{2}$	
$\frac{\sqrt{2}}{2}$	

A	$\mathbb{N}$
B	$\mathbb{Z}$
C	$\mathbb{Q}$
D	$\mathbb{R}$

b)

$1,53 \cdot \pi$	
0	
$\frac{1}{2} \cdot \sqrt{9}$	

A	$\mathbb{N}$
B	$\mathbb{Z}$
C	$\mathbb{Q}$
D	$\mathbb{R}$

AG 1.1 **B.4** Kreuze alle zutreffenden Aussagen an!

Die Menge der positiven ganzen Zahlen ist eine Teilmenge der Menge der natürlichen Zahlen.	☐
Die Menge der negativen rationalen Zahlen ist keine Teilmenge der Menge der reellen Zahlen.	☐
Die Menge der irrationalen Zahlen ist keine Teilmenge der Menge der positiven reellen Zahlen.	☐
Die Menge der negativen ganzen Zahlen ist eine Teilmenge der Menge der rationalen Zahlen.	☐
Die Menge der natürlichen Zahlen ist eine Teilmenge der Menge der rationalen Zahlen.	☐

AG 1.1 **B.5**
a) Welche dieser Zahlen sind Elemente der Menge $\mathbb{Q}$?

5	☐
$4,8 \cdot 10^{-2}$	☐
$3 \cdot \pi$	☐
$10 \cdot \sqrt{10}$	☐
$\frac{15}{8}$	☐

b) Welche dieser Zahlen sind Elemente der Menge $\mathbb{Q} \backslash \mathbb{N}$?

-1	☐
$1,5 \cdot 10^3$	☐
0	☐
$0,\overline{11}$	☐
$3 \cdot \sqrt{3}$	☐

c) Welche dieser Zahlen sind irrational?

$\sqrt{144}$	☐
$0,12\overline{456}$	☐
$\sqrt{8}$	☐
$1 + \pi$	☐
$\sqrt[3]{9}$	☐

AG 1.1 **B.6** Kreuze alle zutreffenden Aussagen an!

Jede natürliche Zahl kann als Bruch dargestellt werden.	☐
Jede reelle Zahl kann als Bruch dargestellt werden.	☐
Jede rationale Zahl kann als Dezimalzahl dargestellt werden.	☐
Jede Bruchzahl kann in eine Dezimalzahl umgewandelt werden.	☐
Jede Dezimalzahl kann in eine Bruchzahl umgewandelt werden.	☐

AG 1.1 **B.7** a) Gib fünf rationale Zahlen an, die zwischen $\frac{6}{5}$ und $\frac{7}{5}$ liegen!

b) Gib fünf irrationale Zahlen an, die zwischen 0 und 1 liegen!

AG 1.1 **B.8** Gib fünf Bruchzahlen an, die zwischen 0 und 1 liegen und eine endliche Dezimaldarstellung besitzen!

AG 1.1 **B.9** Gib fünf Bruchzahlen an, die zwischen 1 und 2 liegen und eine periodische Dezimaldarstellung besitzen!

AG 1.1 **B.10** Kreuze alle zutreffenden Aussagen an!

Alle Zahlen in $\mathbb{Q}$ besitzen eine endliche Dezimaldarstellung, alle Zahlen in $\mathbb{I}$ eine unendliche Dezimaldarstellung.	☐
Alle Zahlen der Menge $\{a \cdot 10^{-k} \mid a, k \in \mathbb{N}\}$ liegen in $\mathbb{Q}$.	☐
Die Zahl $\frac{1}{11}$ besitzt eine endliche Dezimaldarstellung.	☐
Im Intervall $]0; 1[$ gibt es unendlich viele Zahlen in $\mathbb{I}$.	☐
Im Intervall $]0; 1[$ gibt es unendlich viele Zahlen in $\mathbb{Q}$.	☐

AG 1.1 **B.11** Ordne jeder Zahlenmenge der linken Tabelle die entsprechende Menge der rechten Tabelle zu!

a)

$\mathbb{R} \cup \mathbb{Z}$	
$\mathbb{Z} \cap \mathbb{Q}^*$	
$\mathbb{Z}^* \cup \mathbb{N}$	
$\mathbb{Q}^* \cap \mathbb{R}$	

A	$\mathbb{Z}$
B	$\mathbb{Q}$
C	$\mathbb{R}$
D	$\mathbb{Q}^*$
E	$\mathbb{Z}^*$

b)

$\mathbb{Q} \cup \mathbb{Z}$	
$\mathbb{Z}^+ \cup \mathbb{Z}^-$	
$\mathbb{Q} \cap \mathbb{R}^*$	
$\mathbb{Z} \cap \mathbb{Q}$	

A	$\mathbb{Z}$
B	$\mathbb{Q}$
C	$\mathbb{R}$
D	$\mathbb{Q}^*$
E	$\mathbb{Z}^*$

AG 1.1 **B.12** Kreuze alle zutreffenden Aussagen an!

a)

$\mathbb{Q}^* \cup \mathbb{Q}^- = \mathbb{Q}$	☐
$\mathbb{Q} \cap \mathbb{N} = \mathbb{Z}^+$	☐
$\mathbb{R}^+ \cup \mathbb{R}^- = \mathbb{R}$	☐
$\mathbb{Z} \cap \mathbb{R} = \mathbb{Z}$	☐
$\mathbb{Q}^+ \cap \mathbb{Q}^- = \{\}$	☐

b)

$\mathbb{Z}^* \cap \mathbb{N} = \mathbb{Z}^+$	☐
$\mathbb{Q} \cup \mathbb{R} = \mathbb{Q}$	☐
$\mathbb{Q}^* \cap \mathbb{N} = \mathbb{N}$	☐
$\mathbb{Q}^* \cup \mathbb{N} = \mathbb{Q}$	☐
$\mathbb{N} \cap \mathbb{Z}^- = \{\}$	☐

c)

$\mathbb{R} \setminus \mathbb{R}^+ = \mathbb{R}^-$	☐
$\mathbb{Z} \setminus \mathbb{N} = \mathbb{Z}^-$	☐
$\mathbb{Q} \setminus \mathbb{Q}^* = \{0\}$	☐
$\mathbb{R} \setminus \mathbb{Z} = \mathbb{Q}$	☐
$\mathbb{Q}^* \setminus \mathbb{Q}^- = \mathbb{Q}^+$	☐

AG 1.1 **B.13** Kreuze alle jene Zahlenmengen an, in denen die gegebene Rechenoperation unbeschränkt ausführbar ist!

a) Addition

$\mathbb{N}^*$	☐
$\mathbb{Z}^-$	☐
$\mathbb{Q}^*$	☐
$]0; 1[$	☐
$\mathbb{Q}^+$	☐

b) Multiplikation

$\mathbb{N}^*$	☐
$\mathbb{Z}^-$	☐
$\mathbb{Q}^*$	☐
$]0; 1[$	☐
$\mathbb{Q}^+$	☐

c) Division

$\mathbb{N}^*$	☐
$\mathbb{Z}^-$	☐
$\mathbb{Q}^*$	☐
$]0; 1[$	☐
$\mathbb{Q}^+$	☐

AG 1.1 **B.14** Stelle die gegebenen Mengen A, B und C auf der Zahlengeraden dar!

a) $A = \{x \in \mathbb{R} \mid -5 \leq x \leq -2\}$ **b)** $B = \{x \in \mathbb{R} \mid 4 < x \leq 6\}$ **c)** $C = \{x \in \mathbb{R} \mid 0 < x < 1\}$

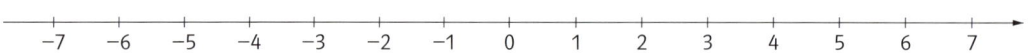

AG 1.1 **B.15** Gegeben ist die Menge $M = \{x \in \mathbb{R} \mid |x - 1| < 3\}$. Stelle sie auf der Zahlengeraden dar!

AG 1.1 **B.16** Ordne jeder Menge in der linken Tabelle eine andere Schreibweise dieser Menge aus der rechten Tabelle zu!

$\{x \in \mathbb{N} \mid x < 5\}$	
$\{x \in \mathbb{Z} \mid 1 \leq x \leq 5\}$	
$\{x \in \mathbb{R} \mid |x - 3| \leq 2\}$	
$\{x \in \mathbb{R}^+ \mid -1 \leq x \leq 5\}$	

A	$[0; 4[$
B	$]0; 5]$
C	$[1; 5]$
D	$]1; 5]$
E	$\{0, 1, 2, 3, 4\}$
F	$\{1, 2, 3, 4, 5\}$

AG 1.1 **B.17** Ordne jedem Größenwert der linken Tabelle den entsprechenden Größenwert aus der rechten Tabelle zu!

$2\,\text{ha}$	
$2\,\text{km}^2$	
$2\,\text{dm}^2$	
$2\,\text{cm}^2$	

A	$2 \cdot 10^6\,\text{m}^2$
B	$2 \cdot 10^5\,\text{m}^2$
C	$2 \cdot 10^4\,\text{m}^2$
D	$2 \cdot 10^{-2}\,\text{m}^2$
E	$2 \cdot 10^{-3}\,\text{m}^2$
F	$2 \cdot 10^{-4}\,\text{m}^2$

AG 1.1 **B.18** Welche der folgenden Aussagen sind wahr?

a)

$19 \cdot 10^6 > 19$ Millionen	☐
$1{,}8 \cdot 10^{12} > 18$ Billionen	☐
1 Million $> 10^5$	☐
21 Billionen $> 2{,}1 \cdot 10^{12}$	☐
$3{,}1 \cdot 10^6 > 3{,}1$ Milliarden	☐

b)

2 Millionstel $> 2 \cdot 10^{-7}$	☐
1 Billionstel $> 2 \cdot 10^{-11}$	☐
$3{,}1 \cdot 10^{-9} > 3{,}1$ Milliardstel	☐
$45 \cdot 10^{-5} > 4{,}5$ Millionstel	☐
300 Tausendstel $> 3 \cdot 10^{-3}$	☐

C Quadratische Gleichungen

Grundkompetenzen für die Reifeprüfung

- **AG 2.3** Quadratische Gleichungen in einer Variablen umformen/lösen können, über Lösungsfälle Bescheid wissen, Lösungen und Lösungsfälle (auch geometrisch) deuten können.

Grundwissen in Kurzform

Kleine Lösungsformel

$$x^2 + px + q = 0 \iff x = -\frac{p}{2} \pm \sqrt{\left(\frac{p}{2}\right)^2 - q}$$

Beispiel: $x^2 - 2x - 3 = 0$

$x = 1 \pm \sqrt{1 + 3} = 1 \pm 2$

$x = -1 \lor x = 3$ (bzw. $x_1 = -1 \land x_2 = 3$)

Große Lösungsformel

$$ax^2 + bx + c = 0 \iff x = \frac{-b \pm \sqrt{b^2 - 4ac}}{2a} \qquad (a \neq 0)$$

Beispiel: $2x^2 + 7x - 4 = 0$

$x = \frac{-7 \pm \sqrt{49 - 4 \cdot 2 \cdot (-4)}}{4} = \frac{-7 \pm \sqrt{81}}{4} = \frac{-7 \pm 9}{4}$

$x = \frac{1}{2} \lor x = -4$ (bzw. $x_1 = \frac{1}{2} \land x_2 = -4$)

Die Zahl $D = \left(\frac{p}{2}\right)^2 - q$ bzw. $D = b^2 - 4ac$ heißt **Diskriminante** der quadratischen Gleichung.

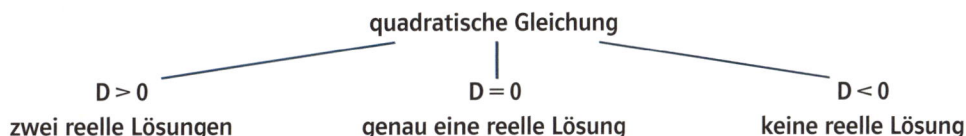

quadratische Gleichung

$D > 0$	$D = 0$	$D < 0$
zwei reelle Lösungen	genau eine reelle Lösung	keine reelle Lösung

Sonderfälle (ohne Formel lösbar)

(1) Koeffizient von x und konstantes Glied = 0
Beispiel: $7x^2 = 0 \iff x^2 = 0 \iff x = 0$

(2) Koeffizient von x = 0
Beispiel: $2x^2 - 8 = 0 \iff x^2 = 4 \iff x = 2 \lor x = -2$

(3) Konstantes Glied = 0
Beispiel: $x^2 - 8x = 0 \iff x \cdot (x - 8) = 0 \iff x = 0 \lor x = 8$

Üben für die Reifeprüfung

AG 2.3 **C.1** Ein Ball wird von einem Balkon in drei Meter Höhe lotrecht nach oben geschossen. Nach t Sekunden hat er die Höhe $h(t) = 3 + 30t - 5t^2$ erreicht (t in Sekunden, h in Meter).
Nach wie vielen Sekunden befindet sich der Ball wieder auf Abschusshöhe?

_____

AG 2.3 **C.2** Ein Versorgungsflugzeug fliegt mit 200 km/h in einer Höhe von 500 m über ein ebenes Krisengebiet um ein Hilfspaket abzuwerfen. Der Abwurf erfolgt über dem Punkt F auf dem Boden. Die Gleichung $h(x) = -0{,}000125x^2 + 500$ beschreibt die Höhe h (in Meter) des Pakets bei der Entfernung x von F (in Meter).
Wie weit von F entfernt kommt das Paket am Boden auf?

_____

AG 2.3 **C.3** In der Fahrschule lernt man die unten stehende Näherungsformel für den Anhalteweg:

$$\text{Anhalteweg} = 3 \cdot \frac{v_0}{10} + \left(\frac{v_0}{10}\right)^2 \qquad (v_0 \text{ in km/h, Anhalteweg in m})$$

Dabei bezeichnet v_0 die Ausgangsgeschwindigkeit. Bei einem Geschwindigkeitstest ermittelt man einen Anhalteweg von 108 m. Berechne die Ausgangsgeschwindigkeit des Fahrzeugs!

_____

AG 2.3 **C.4** Gegeben ist eine quadratische Gleichung der Form $x^2 + px + q = 0$ mit $p, q \in \mathbb{R}$.

Ergänze die Textlücken im folgenden Satz durch Ankreuzen der jeweils richtigen Satzteile so, dass eine mathematisch korrekte Aussage entsteht!

Wenn _____①_____ ist, dann hat die quadratische Gleichung _____②_____.

①		②	
$q > 0$	☐	höchstens eine reelle Lösung	☐
$p = 0$	☐	zwei reelle Lösungen	☐
$q < 0$	☐	genau eine reelle Lösung	☐

AG 2.3 **C.5** **a)** Gegeben ist die Gleichung $(x + 4)^2 = u$.
Gib jene Werte u an, für die die Gleichung zwei reelle Lösungen besitzt!

_____

b) Gegeben ist die Gleichung $x^2 + vx + 9 = 0$.
Gib jene Werte v an, für die die Gleichung genau eine reelle Lösung besitzt!

_____

AG 2.3 **C.6** **a)** Gegeben ist die Gleichung $x^2 + 4x + a = 0$.
Gib jene Werte a an, für die die Gleichung genau eine reelle Lösung besitzt!

_____

b) Gegeben ist die Gleichung $x^2 - 2kx + k = 0$
Gib jene Werte k an, für die die Gleichung keine reelle Lösung besitzt!

_____

AG 2.3 **C.7** Kreuze alle zutreffenden Gleichungen an!

a) Welche dieser quadratischen Gleichungen haben zwei natürliche Zahlen als Lösung?

$x^2 - 9 = 0$	☐
$x^2 + 9x = 0$	☐
$16 + x^2 = 0$	☐
$x^2 - 25x = 0$	☐
$x^2 - 10x + 9 = 0$	☐

b) Welche dieser quadratischen Gleichungen haben zwei ganzzahlige Lösungen?

$x^2 - 8x + 7 = 0$	☐
$x^2 + 6x - 8 = 0$	☐
$x^2 - 7x + 12 = 0$	☐
$x^2 - 9x + 10 = 0$	☐
$x^2 + 10x = 0$	☐

AG 2.3 **C.8** Quadratische Gleichungen können zwei reelle Zahlen, genau eine reelle Zahl oder keine reelle Zahl als Lösung haben.

Ordne jeder Lösungsmenge L in der linken Tabelle eine quadratische Gleichung aus der rechten Tabelle zu, die diese Lösungsmenge hat!

$L = \{\}$	
$L = \{0; 3\}$	
$L = \{-3; 3\}$	
$L = \{3\}$	

A	$x^2 + 3 = 0$
B	$(x + 3)^2 = 0$
C	$(x - 3)(x + 3) = 0$
D	$x(x - 3) = 0$
E	$(x - 3)^2 = 0$
F	$x^2 - 3x - 3 = 0$

AG 2.3 **C.9** Gegeben ist eine Gleichung der Form $ax^2 + bx + c = 0$ mit $a, b, c \in \mathbb{R}$ und $a \neq 0$.

Die Gleichung hat genau eine Lösung. Kreuze die zutreffende Aussage in der nebenstehenden Tabelle an!

$b \neq 0$	☐
$\frac{b^2}{4} = c$	☐
$-\frac{b}{2a} \neq 0$	☐
$b^2 - c > 0$	☐
$b^2 = 4ac$	☐
$b^2 = c$	☐

AG 2.3 **C.10** Gegeben ist eine Gleichung der Form $ax^2 + c = 0$ mit $a, c \in \mathbb{R}$.

Für welche $a, c \in \mathbb{R}$ hat die Gleichung keine reellen Lösungen? Kreuze die zutreffenden Aussagen an!

$a > 0 \wedge c < 0$	☐
$a < 0 \wedge c < 0$	☐
$a > 0 \wedge c = 0$	☐
$a > 0 \wedge c > 0$	☐
$a = c = 0$	☐

AG 2.3 **C.11** Gegeben ist eine quadratische Gleichung der Form $cx^2 - bx - a = 0$ mit $c \neq 0$ und $a, b, c \in \mathbb{R}$.

Welche dieser Terme geben die Lösungen der Gleichung an? Kreuze an!

$\frac{-b \pm \sqrt{b^2 - 4ac}}{2a}$	☐
$\frac{b \pm \sqrt{b^2 + 4ac}}{2c}$	☐
$\frac{b}{2a} \pm \sqrt{\frac{b^2}{4a^2} + 4ac}$	☐
$\frac{b}{2c} \pm \sqrt{\frac{b^2}{4c^2} + \frac{a}{c}}$	☐
$\frac{-b \pm \sqrt{b^2 - 4ac}}{2c}$	☐

AG 2.3 **C.12** Quadratische Gleichungen können in unterschiedlichen Formen aufgeschrieben werden.

Ordne jeder quadratischen Gleichung der linken Tabelle die äquivalente Gleichung aus der rechten Tabelle zu!

$x^2 + x - 2 = 0$	
$x^2 - 3x + 2 = 0$	
$x^2 + 8x + 16 = 0$	
$x^2 - 1 = 0$	

A	$(x-1)(x-2) = 0$
B	$(x-1)^2 = 0$
C	$x(x+1) = 2$
D	$(x+4)^2 = 0$
E	$(x-1)(x+1) = 0$
F	$x + x(x-1) = 0$

AG 2.3 **C.13** Gegeben ist eine quadratische Gleichung der Form $ax^2 + bx + c = 0$ mit $a, b, c \in \mathbb{R}$ und $a \neq 0$.

Welche der folgenden Aussagen treffen zu? Kreuze alle richtigen Aussagen an!

Jede quadratische Gleichung hat zwei reelle Lösungen.	☐
Es gibt quadratische Gleichungen, die nur eine reelle Lösung haben.	☐
Eine quadratische Gleichung hat höchstens zwei reelle Lösungen.	☐
Wenn die Diskriminante $b^2 - 4ac$ größer 0 ist, dann hat die Gleichung zwei reelle Lösungen.	☐
Wenn die Diskriminante $b^2 - 4ac$ gleich 0 ist, dann hat die Gleichung keine reelle Lösung.	☐

AG 2.3 **C.14** Gegeben ist die quadratische Gleichung der Form $2x^2 + 2x + c = 0$ (mit $c \in \mathbb{R}$).

Kreuze alle zutreffenden Aussagen an!

Die Gleichung hat immer zwei reelle Lösungen, egal welchen Wert c annimmt.	☐
Wenn $c = 2$ ist, dann hat die Gleichung genau eine reelle Lösung.	☐
Wenn c einen negativen Wert annimmt, dann hat die Gleichung zwei reelle Lösungen.	☐
Wenn $c = 0$ ist, dann ist 0 eine Lösung der Gleichung.	☐
Wenn c größer als 0 ist, dann hat die Gleichung keine reelle Lösung.	☐

AG 2.3 **C.15** Gegeben ist die quadratische Gleichung der Form $4x^2 + px + 1 = 0$ (mit $p \in \mathbb{R}$).

Kreuze alle zutreffenden Aussagen an!

Die Gleichung hat immer eine reelle Lösung, egal welchen Wert p annimmt.	☐
Wenn p einen positiven Wert annimmt, dann hat die Gleichung zwei reelle Lösungen.	☐
Wenn $p = -5$ ist, dann sind die Lösungen rational.	☐
Wenn $p = -4$ ist, dann hat die Gleichung genau eine reelle Lösung.	☐
Wenn $p = 4$ ist, dann hat die Gleichung genau eine reelle Lösung.	☐

AG 2.3 **C.16** Gegeben ist die quadratische Gleichung der Form $rx^2 - 6x + 1 = 0$ (mit $r \in \mathbb{R}, r \neq 0$).

Kreuze alle zutreffenden Aussagen an!

Die Gleichung hat immer eine reelle Lösung, egal welchen Wert r annimmt.	☐
Die Gleichung hat nie eine reelle Lösung, egal welchen Wert r annimmt.	☐
Wenn $r = 3$ ist, dann hat die Gleichung genau eine reelle Lösung.	☐
Wenn $r = \frac{5}{4}$, dann sind die Lösungen rationale Zahlen.	☐
Es gibt ein $r \in \mathbb{R}$ mit $r \neq 0$, so dass die Gleichung keine reelle Lösung hat.	☐

D Berechnungen in rechtwinkeligen Dreiecken

Grundkompetenzen für die Reifeprüfung

- AG 4.1 Definitionen von Sinus, Cosinus und Tangens im rechtwinkeligen Dreieck kennen und zur Auflösung rechtwinkeliger Dreiecke einsetzen können.

Grundwissen in Kurzform

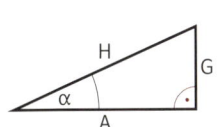

$$\sin\alpha = \frac{G}{H} = \frac{\text{Gegenkathete von }\alpha}{\text{Hypotenuse}}$$

$$\cos\alpha = \frac{A}{H} = \frac{\text{Ankathete von }\alpha}{\text{Hypotenuse}}$$

$$\tan\alpha = \frac{G}{A} = \frac{\text{Gegenkathete von }\alpha}{\text{Hypotenuse}}$$

Üben für die Reifeprüfung

AG 4.1 **D.1** Kreuze alle Aussagen an, die auf das abgebildete rechtwinkelige Dreieck zutreffen!

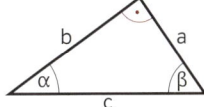

a ist Ankathete von β	☐
c ist Ankathete von α	☐
b ist Gegenkathete von β	☐
c ist Gegenkathete von α	☐
b ist Hypotenuse	☐

AG 4.1 **D.2** Welche Aussagen treffen auf dieses rechtwinkelige Dreieck zu? Kreuze an!

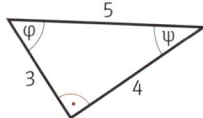

$\sin\varphi = 0{,}8$	☐
$\cos\varphi = 0{,}8$	☐
$\sin\psi = 0{,}6$	☐
$\cos\psi = 0{,}6$	☐
$\tan\varphi = 0{,}75$	☐

AG 4.1 **D.3** Kreuze alle Aussagen an, die auf das abgebildete rechtwinkelige Dreieck zutreffen!

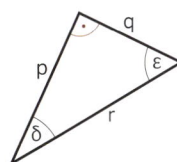

$p = r \cdot \cos\varepsilon$	☐
$q = r \cdot \sin\delta$	☐
$p = q \cdot \tan\delta$	☐
$\sin\delta = \cos\varepsilon$	☐
$\tan\delta \cdot \tan\varepsilon = 1$	☐

AG 4.1 **D.4** Kreuze alle Aussagen an, die auf das abgebildete rechtwinkelige Dreieck mit a = 25,5 cm und c = 28,9 cm zutreffen!

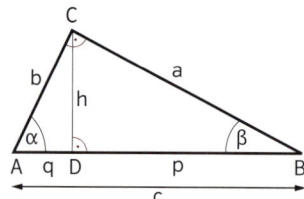

$b = 13,6$ cm	☐
$\cos\beta = \frac{15}{17}$	☐
$p = 21,5$ cm	☐
$\tan\alpha = \frac{8}{15}$	☐
$h = 12$ cm	☐

AG 4.1 **D.5** Gegeben ist ein gleichschenkeliges Dreieck mit a = b. Kreuze alle richtigen Aussagen an!

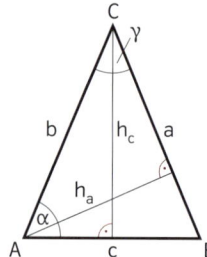

$a = c \cdot \sin\alpha$	☐
$h_a = c \cdot \cos\alpha$	☐
$h_a = a \cdot \sin\gamma$	☐
$c = a \cdot \cos\alpha$	☐
$h_c = a \cdot \sin\alpha$	☐

AG 4.1 **D.6** Gegeben ist ein Rhombus. Kreuze alle richtigen Aussagen an!

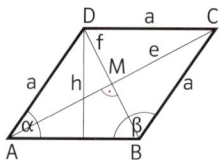

$h = a \cdot \sin\alpha$	☐
$h = e \cdot \sin\frac{\alpha}{2}$	☐
$e = f \cdot \cos\frac{\alpha}{2}$	☐
$f = e \cdot \tan\frac{\alpha}{2}$	☐
$e = 2 \cdot a \cdot \cos\frac{\alpha}{2}$	☐

AG 4.1 **D.7** Gegeben ist eine regelmäßige quadratische Pyramide. Kreuze alle richtigen Aussagen an!

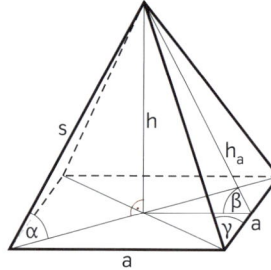

$a = 2 \cdot h_a \cdot \cos\beta$	☐
$a = 2 \cdot h_a \cdot \tan\gamma$	☐
$h_a = s \cdot \sin\gamma$	☐
$h = s \cdot \sin\alpha$	☐
$h = \frac{a}{2} \cdot \cos\alpha$	☐

AG 4.1 **D.8** In der linken Tabelle findet man verschiedene Angaben für gleichschenkelige Dreiecke mit den Schenkeln a und b sowie der Basis c. Ordne jedem dieser Dreiecke einen passenden Winkel aus der rechten Tabelle zu!

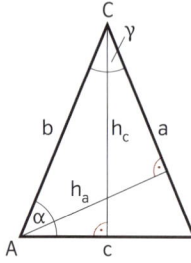

$c = 30$ cm, $h_c = 20$ cm	
$a = b = 25$ cm, $h_c = 24$ cm	
$a = b = 26$ cm, $c = 20$ cm	

A	$\gamma = 45,24°$
B	$\alpha = 36,87°$
C	$\gamma = 73,74°$
D	$\alpha = 73,74°$
E	$\gamma = 53,13°$

AG 4.1 **D.9** Von einem Dreieck ABC kennt man b = 6 cm, $h_c = 5$ cm sowie β = 73°. Berechne die übrigen Winkel des Dreiecks!

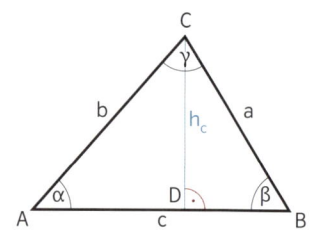

α = _____

γ = _____

AG 4.1 D.10 Von einem Rhombus kennt man die Seitenlänge $a = 16,9\,cm$ und die Diagonalenlänge $e = 31,7\,cm$.

Berechne a und den Flächeninhalt A des Rhombus!

$\alpha =$ _____

$A =$ _____

AG 4.1 D.11 Von einem Deltoid ABCD kennt man die Seitenlängen $a = \overline{AB} = \overline{AD} = 5\,cm$ und $b = \overline{BC} = \overline{CD} = 10\,cm$ sowie den Winkel $\alpha = \sphericalangle BAD = 40°$.

Berechne die Längen der Diagonalen dieses Deltoids!

$e =$ _____

$f =$ _____

AG 4.1 D.12 Drücke den Flächeninhalt A des abgebildeten Trapezes in Abhängigkeit von c, d und α aus!

_____

_____

AG 4.1 D.13 Drücke die Seitenlänge a des abgebildeten Trapezes in Abhängigkeit von c, β und β_1 aus!

_____

_____

AG 4.1 D.14 Unter der Sonnenhöhe φ versteht man denjenigen spitzen Winkel, den die einfallenden Sonnenstrahlen mit einer horizontalen Ebene einschließen. Die Schattenlänge s eines Gebäudes der Höhe h hängt von der Sonnenhöhe φ ab (h, s in Metern).

Gib eine Formel an, mit der die Höhe h eines Gebäudes mithilfe der Schattenlänge s und der Sonnenhöhe φ berechnet werden kann!

$h =$ _____

AG 4.1 D.15 In einem ebenen, unzugänglichen Sumpfgebiet befinden sich die Messpunkte P und Q. Von einem Punkt A aus, der mit P und Q auf einer Geraden liegt, wurde eine Strecke AB der Länge $\overline{AB} = 60\,m$ abgesteckt. Die Skizze zeigt die gemessenen Winkel.

Berechne die Länge der Strecke PQ!

_____

_____

AG 4.1   **D.16**   Die Baldwin Street im North East Valley in Neuseeland ist laut Wikipedia die steilste geradlinig verlaufende Straße der Welt. Der Steigungswinkel der knapp 350 Meter langen Straße beträgt 19,3°.

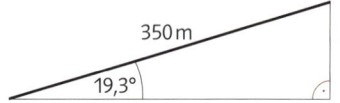

Wie viele Höhenmeter werden beim Bergauffahren der gesamten Straße überwunden?

_____

AG 4.1   **D.17**   Ein Verkehrsflugzeug befindet sich auf einer Reisehöhe von 12 500 Meter. Ein ordnungsgemäßer Sinkflug erfolgt unter einem Sinkwinkel von 3°.

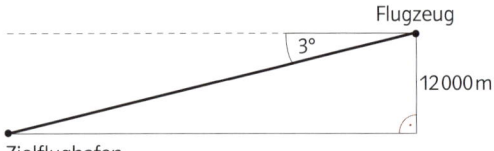

Bei welcher Horizontalentfernung vom Zielflughafen muss ein ordnungsgemäßer Sinkflug spätestens beginnen, wenn der Flughafen auf einer Seehöhe von 500 m liegt?

_____

AG 4.1   **D.18**   Ein Abflussrohr soll ein Fallrohr mit dem Kanal verbinden. Die horizontale Erstreckung beträgt 15 m. Um ein problemloses Abrinnen zu garantieren, muss ein Tiefenwinkel von 1,15 % beim Verlegen eingehalten werden.

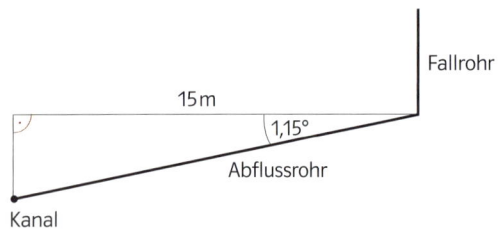

Gib die Länge des Abflussrohres an!

_____

AG 4.1   **D.19**   An der Talstation eines geradlinigen verlaufenden Schlepplifts findet man folgende Skizze.

Wie groß ist der Steigungswinkel α der Trasse des Schlepplifts?

_____

Berechnungen in beliebigen Dreiecken

Grundkompetenzen für die Reifeprüfung

- AG 4.2 Definitionen von Sinus und Cosinus für Winkel größer als 90° kennen und einsetzen können.

Grundwissen in Kurzform

Für 0° ≤ φ < 360° setzt man

$$\sin \varphi = \frac{y}{r}$$

$$\cos \varphi = \frac{x}{r}$$

$$\tan \varphi = \frac{y}{x} \qquad (\varphi \neq 90°, \varphi \neq 270°)$$

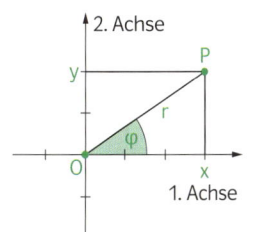 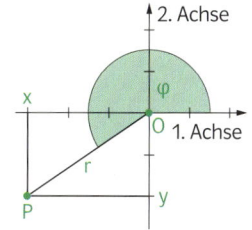

Beachte: φ wird von der positiven 1. Achse aus im Gegenuhrzeigersinn gemessen.

Sinus und Cosinus im Einheitskreis

Als Stellen auf den Achsen:

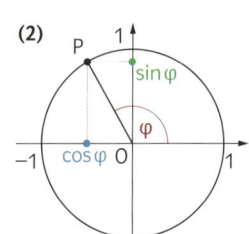 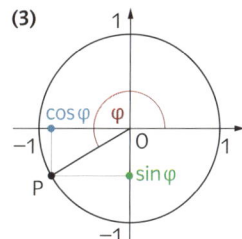 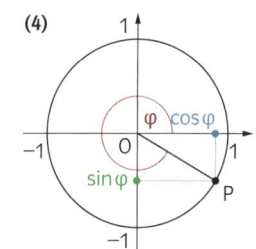

Als vorzeichenbehaftete Strecken (von 0 nach rechts oder oben +, von 0 nach links oder unten −):

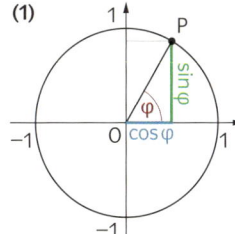 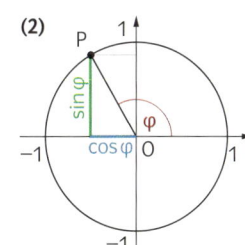 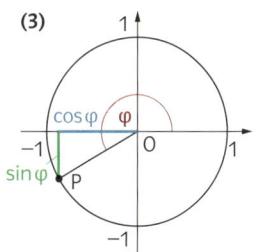 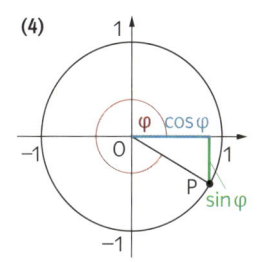

Wichtige Beziehungen

(1) $-1 \leq \sin \varphi \leq 1$

(2) $-1 \leq \cos \varphi \leq 1$

(3) $\sin^2\varphi + \cos^2\varphi = 1$

(4) $\tan \varphi = \frac{\sin \varphi}{\cos \varphi}$ \qquad (für $\varphi \neq 90°$ und $\varphi \neq 270°$)

Sinus und Cosinus für besondere Winkel

α	0°	30°	45°	60°	90°	
$\sin \alpha$	$\frac{1}{2}\sqrt{0}$	$\frac{1}{2}\sqrt{1}$	$\frac{1}{2}\sqrt{2}$	$\frac{1}{2}\sqrt{3}$	$\frac{1}{2}\sqrt{4}$	$\cos \alpha$
	90°	60°	45°	30°	0°	α

Üben für die Reifeprüfung

AG 4.2   **E.1**   **a)** Zeichne im abgebildeten Einheitskreis den Winkel $\varphi = 220°$ sowie $\sin \varphi$ und $\cos \varphi$ in Punktdarstellung ein!

b) Zeichne im abgebildeten Einheitskreis den Winkel $\varphi = 130°$ sowie $\sin \varphi$ und $\cos \varphi$ in Streckendarstellung ein!

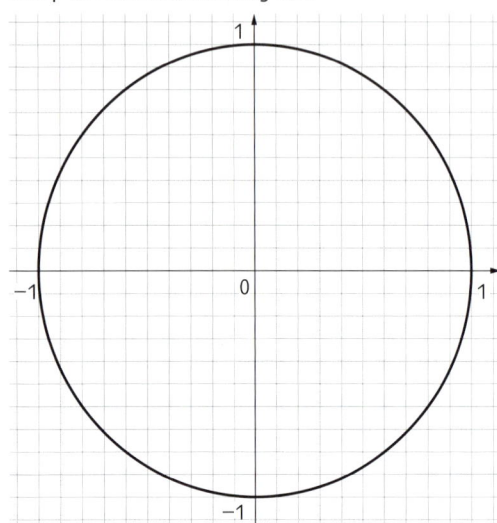
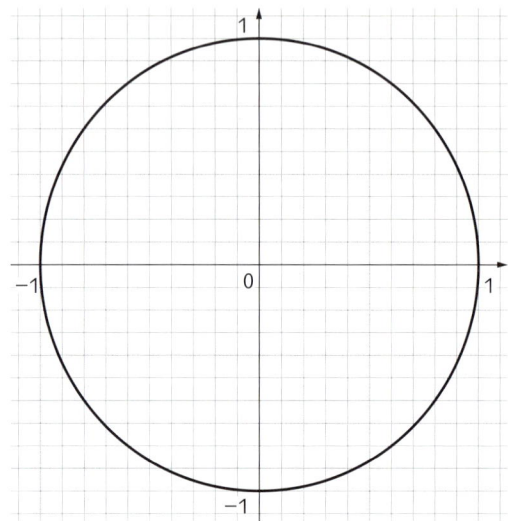

AG 4.2   **E.2**   Kreuze jeweils alle richtigen Aussagen an!

a)

$\sin 180° = 0$	☐
$\cos 180° = 0$	☐
$\sin 270° = 0$	☐
$\cos 270° = 0$	☐
$\sin 360° = 0$	☐

b)

$\cos 160° > 0$	☐
$\sin 160° > 0$	☐
$\cos 290° > 0$	☐
$\sin 290° > 0$	☐
$\cos 190° > 0$	☐

AG 4.2   **E.3**   **a)** Löse die Gleichung $\cos \varphi = 0,4$ für φ mit $0° \leq \varphi < 360°$ rechnerisch und grafisch!

b) Löse die Gleichung $\sin \varphi = -0,65$ für φ mit $0° \leq \varphi < 360°$ rechnerisch und grafisch!

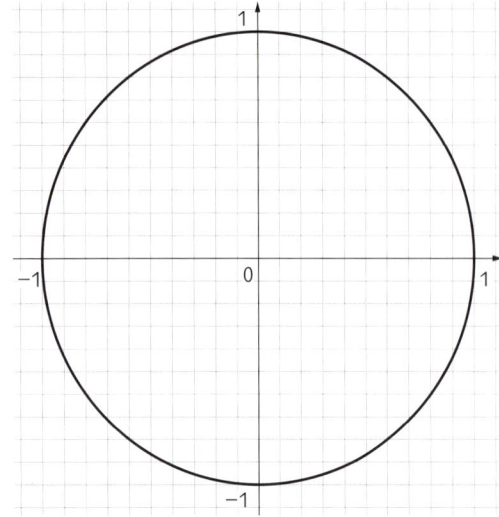
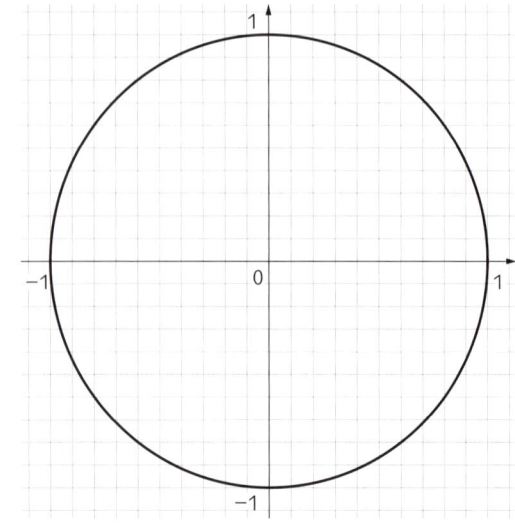

AG 4.2 **E.4** Gegeben ist eine Gleichung der Form $\sin \varphi = c$ mit $\varphi \in [0°; 360°[$.

Ergänze die Textlücken im folgenden Satz durch Ankreuzen der jeweils richtigen Satzteile so, dass eine mathematisch korrekte Aussage entsteht!

Die Gleichung _____①_____ hat die Lösungsmenge L = _____②_____ für $\varphi \in [0°; 360°[$.

①	
$\sin \varphi = \frac{1}{4}$	☐
$\sin \varphi = \frac{1}{2}$	☐
$\sin \varphi = 1$	☐

②	
$\{30°, 150°\}$	☐
$\{45°, 135°\}$	☐
$\{210°, 330°\}$	☐

AG 4.2 **E.5** **a)** Von einem Winkel φ mit $90° \leq \varphi \leq 180°$ kennt man $\sin \varphi = 0{,}28$. Berechne φ sowie $\cos \varphi$!

b) Von einem Winkel φ mit $180° \leq \varphi \leq 360°$ kennt man $\cos \varphi = -0{,}352$. Berechne φ sowie $\sin \varphi$!

AG 4.2 **E.6** Ordne jeder Bedingung in der linken Tabelle ein passendes Winkelmaß φ aus der rechten Tabelle zu!

$\sin \varphi = 0{,}5 \wedge \cos \varphi < 0$	
$\sin \varphi > 0 \wedge \cos \varphi = 0{,}5$	
$\sin \varphi = -0{,}5 \wedge \cos \varphi > 0$	
$\sin \varphi > 0 \wedge \cos \varphi = -0{,}5$	

A	30°
B	60°
C	120°
D	150°
E	210°
F	330 °

AG 4.2 **E.7** Gegeben ist ein Winkel $\varphi \in [0°; 360°[$ am Einheitskreis. Welche Aussagen sind korrekt? Kreuze die beiden zutreffenden Aussagen an!

Wenn $0° < \varphi < 90°$, dann ist $\sin \varphi > 0$.	☐
Wenn $90° < \varphi < 180°$, dann ist $\cos \varphi > 0$.	☐
Wenn $180° < \varphi < 270°$, dann ist $\sin \varphi > 0$.	☐
Wenn $270° < \varphi < 360°$, dann ist $\cos \varphi > 0$.	☐
Wenn $270° < \varphi < 360°$, dann ist $\sin \varphi > 0$.	☐

AG 4.2 **E.8** Welche Aussagen sind richtig?

Für $0° \leq \alpha \leq 90°$ gilt: Wenn α wächst, dann wächst $\cos \alpha$.	☐
Für $90° \leq \alpha \leq 180°$ gilt: Wenn α wächst, dann fällt $\sin \alpha$.	☐
Für $180° \leq \alpha \leq 270°$ gilt: Wenn α wächst, dann fällt $\sin \alpha$.	☐
Für $270° \leq \alpha \leq 360°$ gilt: Wenn α wächst, dann wächst $\cos \alpha$.	☐
Für $180° \leq \alpha \leq 270°$ gilt: Wenn α wächst, dann fällt $\cos \alpha$.	☐

AG 4.2 **E.9** Welche dieser Aussagen sind für alle Winkel α mit $0° \leq \alpha \leq 90°$ richtig?

a)

$\sin (180° - \alpha) = \sin \alpha$	☐
$\cos (180° - \alpha) = \cos \alpha$	☐
$\sin (180° + \alpha) = \sin \alpha$	☐
$\cos (180° + \alpha) = \cos \alpha$	☐
$\cos (360° - \alpha) = \cos \alpha$	☐

b)

$\sin (90° - \alpha) = \cos \alpha$	☐
$\cos (90° - \alpha) = \sin \alpha$	☐
$\sin (90° + \alpha) = \cos \alpha$	☐
$\cos (90° + \alpha) = \sin \alpha$	☐
$\cos (270° + \alpha) = \sin \alpha$	☐

F Reelle Funktionen

- FA 1.1 Für gegebene Zusammenhänge entscheiden können, ob man sie als Funktionen betrachten kann.
- FA 1.3 Zwischen tabellarischen und grafischen Darstellungen funktionaler Zusammenhänge wechseln können.
- FA 1.4 Aus Tabellen, Graphen und Gleichungen von Funktionen Werte(paare) ermitteln und im Kontext deuten können.

Grundwissen in Kurzform

Reelle Funktion

Eine reelle Funktion ist eine eindeutige Zuordnung:
Sie ordnet jeder Zahl $x \in A$ genau eine Zahl $y \in \mathbb{R}$ zu, wobei A eine Teilmenge von $\mathbb{R}$ ist.

Wichtige Schreib- und Sprechweisen für Funktionen

$$f: A \to \mathbb{R} \mid x \mapsto f(x)$$

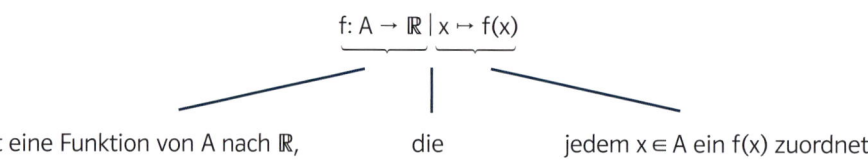

f ist eine Funktion von A nach $\mathbb{R}$,   die   jedem $x \in A$ ein f(x) zuordnet

Schreibweise	Sprechweise
$f: A \to \mathbb{R} \mid x \mapsto y$	f ist eine Funktion von A nach $\mathbb{R}$, x wird zugeordnet y.
$f: x \mapsto f(x)$	<ul><li>f ist eine Funktion, die jedem x ein f(x) zuordnet.</li><li>Kurz: f, x wird zugeordnet f(x)</li></ul>
$y = f(x)$	y ist eine Funktion von x.

Beachte den Unterschied zwischen f und f(x):

f ist eine **Zuordnung**   **f(x)** ist eine **Zahl**.

Wichtige Begriffe

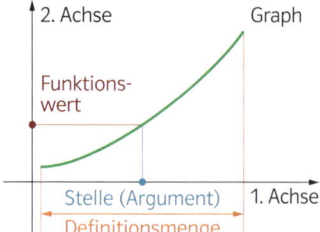

x .... **Stelle** oder **Argument**
$y = f(x)$ .... **Funktionswert** von f an der Stelle x
$D_f = A$ .... **Definitionsmenge** von f
(Man sagt: f ist auf A definiert.)
$W_f = \{f(x) \in \mathbb{R} \mid x \in A\}$ .... **Wertemenge** von f
(Menge aller Funktionswerte f(x) für $x \in A$)
$G = \{(x \mid f(x)) \mid x \in A\}$ .... **Graph** der Funktion f

Üben für die Reifeprüfung

FA 1.1   **F.1**   Unten stehend sind Abbildungen von Kurven gegeben.

Kreuze jene Abbildung an, die den Graphen einer Funktion f: [−1; 4] → ℝ | x ↦ y darstellt!

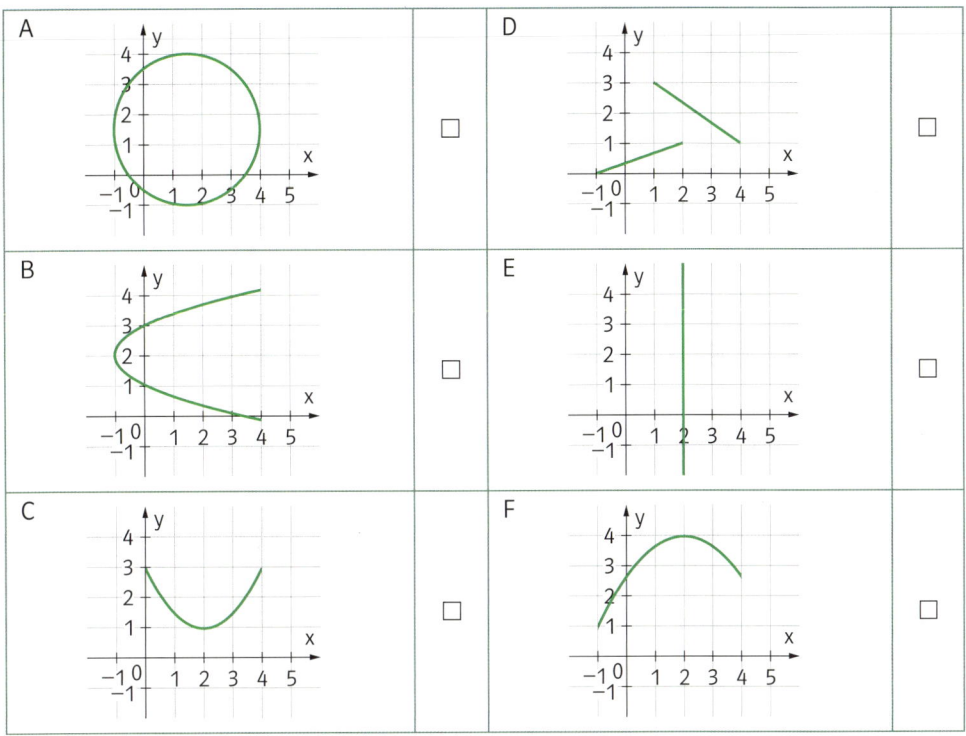

FA 1.4   **F.2**   Unten stehend sind Abbildungen von Kurven und Geraden gegeben.

Kreuze jene Abbildung an, die keinen Graphen einer Funktion f: ℝ → ℝ | x ↦ y darstellt!

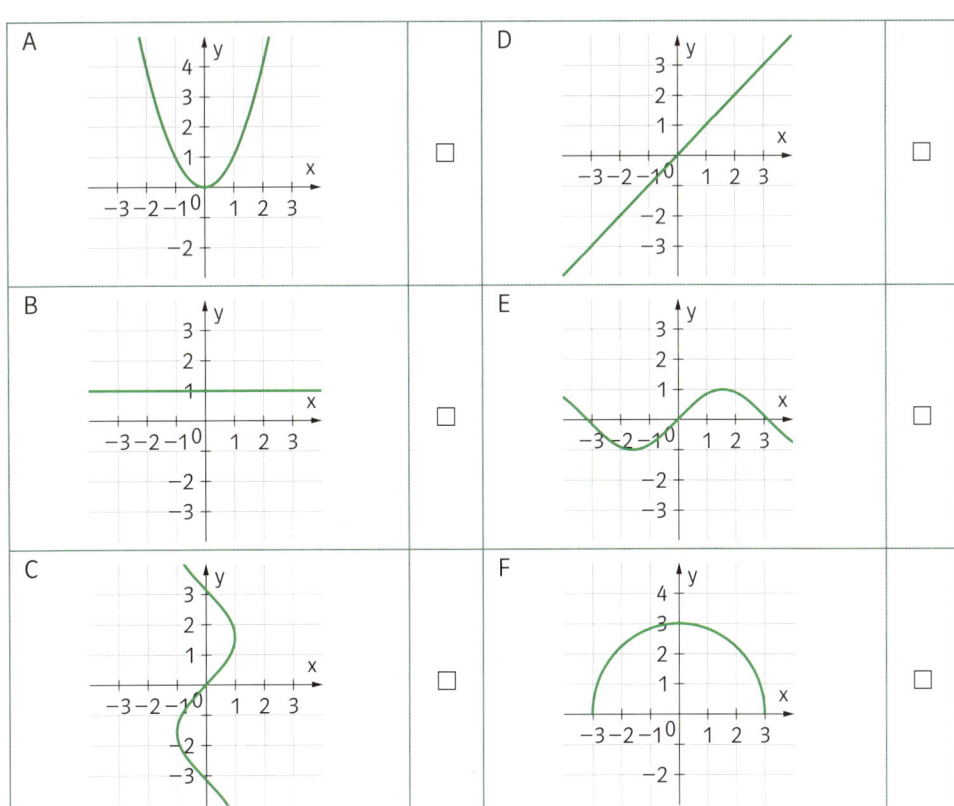

FA 1.4   **F.3**   Die Abbildung rechts zeigt den Graphen einer Funktion f
mit $f(x) = ax^4 + bx^2 + cx + d$.

Gib den Wert von d an!

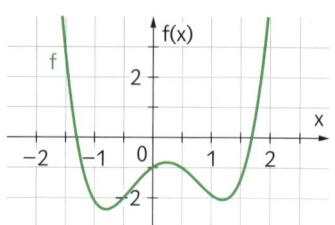

d = _____

FA 1.4   **F.4**   Die Abbildung rechts zeigt den Graphen einer quadratischen Funktion f.

Gib jene Stellen x an, für die $f(x + 2) = 3$ gilt!

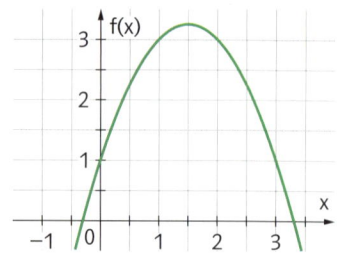

_____

FA 1.4   **F.5**   Die unten stehenden Abbildungen zeigen die Graphen reeller Funktionen f.

a)

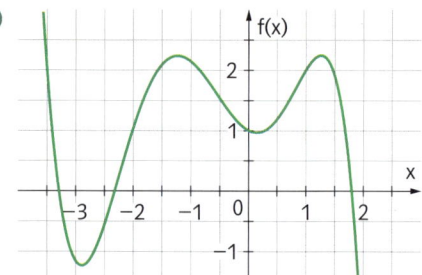

An wie vielen Stellen des Intervalls $[-3; 2]$
nimmt f den Wert 2 an?

_____

b)

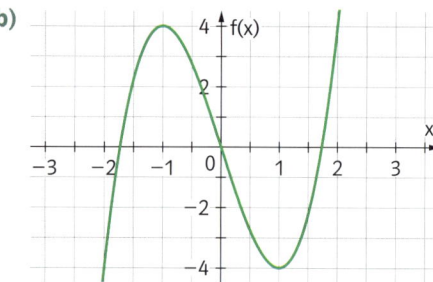

Welche Funktionswerte nimmt f
im Intervall $[-2; 2]$ an? Gib ein Intervall an!

_____

FA 1.4   **F.6**   Ein Ball wird auf dem Dach eines 100 m hohen Gebäudes senkrecht
nach oben geworfen. Der rechts abgebildete Graph beschreibt die
Höhe h des Balles in Abhängigkeit von Zeit t (s in Sekunden, h in Meter).

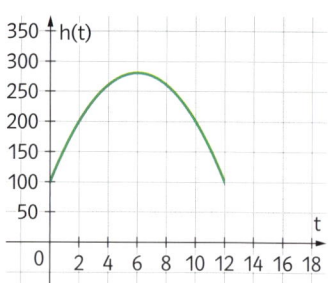

Kreuze die zutreffenden Aussagen an!

Der Ball befindet ist nach 200 Sekunden 2 Meter vom Abschussort entfernt.	☐
Nur zum Zeitpunkt 2 erreicht der Ball eine Höhe von 200 Meter.	☐
Nach 12 Sekunden befindet sich der Ball wieder auf der Höhe des Daches.	☐
Nach 6 Sekunden erreicht der Ball seine maximale Höhe.	☐
Zum Zeitpunkt 12 hat der Ball die Höhe 0.	☐

FA 1.4   **F.7**   Ein Unternehmen erzeugt Pulver.
Der rechts abgebildete Graph beschreibt die Kosten K dieses
Unternehmens in Abhängigkeit von der produzierten Pulvermenge x
(x in Kilogramm, K in Euro).

Kreuze die zutreffenden Aussagen an!

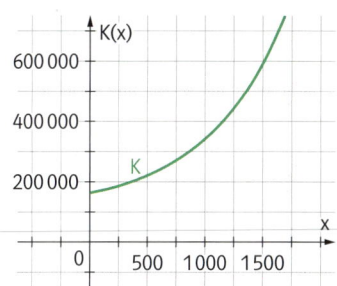

Mit zunehmender Produktion steigen die Kosten des Unternehmens.	☐
Wenn nichts produziert wird, dann fallen keine Kosten an.	☐
Wenn höchstens 1000 kg produziert werden, dann liegen die Kosten unter 300 000 €.	☐
Wenn 1500 kg produziert werden, dann betragen die Kosten 600 000 € .	☐
Wenn die Produktion von 500 kg auf 1250 kg gesteigert wird, erhöhen sich die Kosten um mehr als 100 000 €.	☐

FA 1.4   **F.8**   Elisabeth tritt bei einem Leichtathletikbewerb auf der Mittelstrecke an.
Sie durchläuft die 800 m-Strecke mit unterschiedlichen Geschwindigkei-
ten. Das rechts abgebildete Zeit-Geschwindigkeitsdiagramm zeigt diese
näherungsweise an.

Welche der folgenden Aussagen sind korrekt?
Kreuze die beiden zutreffenden Aussagen an!

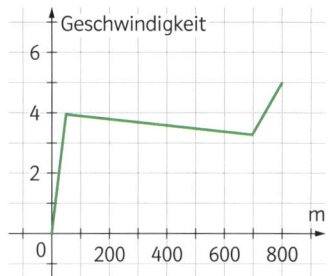

Elisabeth wird auf den letzten 100 Meter immer langsamer.	☐
Elisabeth erreicht ihre Spitzengeschwindigkeit beim Zieleinlauf.	☐
Elisabeth läuft immer schneller.	☐
Elisabeth läuft nach genau 700 Meter am langsamsten.	☐
Elisabeth verliert zwischen 200 und 500 Metern an Geschwindigkeit.	☐

FA 1.4   **F.9**   Das rechts dargestellte Diagramm zeigt den Luftdruck in hPa
in Abhängigkeit von der Seehöhe in m.

Welche der folgenden Aussagen sind korrekt?
Kreuze die beiden zutreffenden Aussagen an!

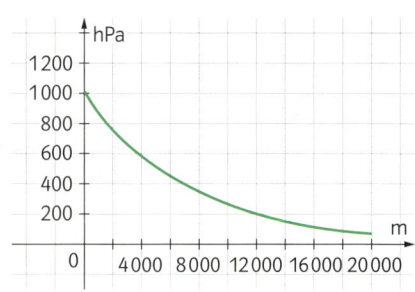

Der Luftdruck nimmt mit zunehmender Höhe ab.	☐
Auf Meereshöhe ist der Luftdruck 0.	☐
Auf einer Seehöhe von 8000 m ist der Luftdruck geringer als 400 hPa.	☐
Bei einem Luftdruck von 800 hPa befindet man sich auf einer Seehöhe von 4000 m.	☐
Der Luftdruck beträgt auf jeder Seehöhe ca. 1000 hPa.	☐

FA 1.4 **F.10** Das rechts abgebildete Zeit-Geschwindigkeitsdiagramm beschreibt näherungsweise 4 Minuten der Fahrt eines LKWs.

Welche der folgenden Aussagen sind korrekt?
Kreuze die beiden zutreffenden Aussagen an!

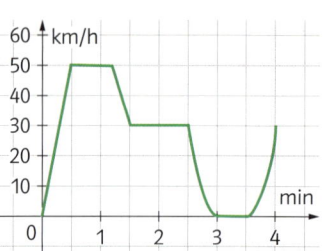

Der LKW fährt nicht schneller als 30 km/h.	☐
Der LKW bleibt in dem zu sehenden Ausschnitt nicht stehen.	☐
Der LKW erreicht eine Höchstgeschwindigkeit von ca. 50 km/h.	☐
Der LKW bleibt ungefähr eine halbe Minute stehen.	☐
Der LKW fährt nur zu einem Zeitpunkt mit 20 km/h.	☐

FA 1.4 **F.11** Gegeben sind die Graphen der Funktionen f, g und h!

Welche der folgenden Aussagen sind korrekt?
Kreuze die zutreffenden Aussagen an!

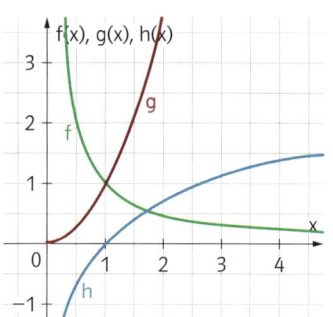

$f(1) > h(1)$	☐
$g(1) < h(1)$	☐
$f(1{,}5) > g(1{,}5)$	☐
$f(3) > h(3)$	☐
$f(2{,}5) < h(2{,}5)$	☐

FA 1.3 **F.12** Zeichne unter den gegebenen Bedingungen einen möglichen Verlauf des Graphen von f!

a) Der Graph einer Funktion f: $[-4; 4] \to \mathbb{R}$ geht durch die Punkte A = (−1 | 3), B = (0 | 0) und C = (3 | 1).

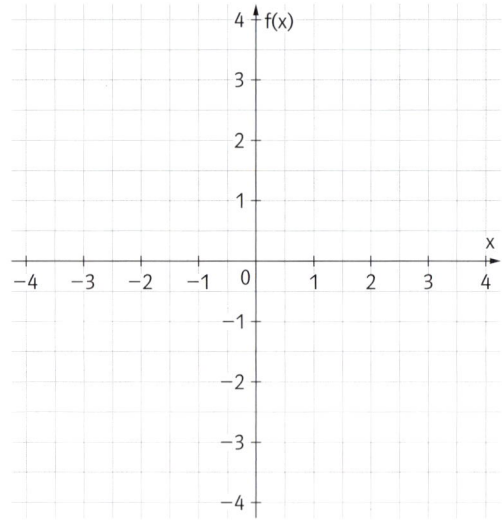

b) Der Graph einer Funktion f: $[-4; 3] \to \mathbb{R}$ hat die Wertemenge $[-3; 2]$ und es ist $f(-2) = f(0) = f(3) = 1$.

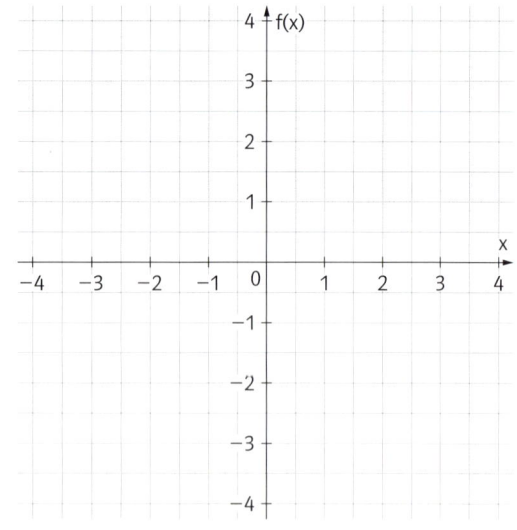

FA 1.4 **F.13** Durch die Gleichung $cx + dy - e = 0$ wird für $d \neq 0$ eine Funktion f: $\mathbb{R} \to \mathbb{R} \,|\, x \mapsto y$ festgelegt.

Gib eine Termdarstellung von f an!

_____

G Lineare Funktionen

- **FA 2.1** Verbal, tabellarisch, grafisch oder durch eine Gleichung (Formel) gegebene lineare Zusammenhänge als lineare Funktionen erkennen bzw. betrachten können; zwischen diesen Darstellungsformen wechseln können.
- **FA 2.2** Aus Tabellen, Graphen und Gleichungen linearer Funktionen Werte(paare) sowie die Parameter k und d ermitteln und im Kontext deuten können.
- **FA 2.3** Die Wirkung der Parameter k und d kennen und die Parameter in unterschiedlichen Kontexten deuten können.
- **FA 2.4** Charakteristische Eigenschaften kennen und im Kontext deuten können:

  $f(x + 1) = f(x) + k$; $\dfrac{f(x_2) - f(x_1)}{x_2 - x_1} = k$

- **FA 2.5** Die Angemessenheit einer Beschreibung mittels linearer Funktionen bewerten können.
- **FA 2.6** Direkte Proportionalität als lineare Funktion vom Typ $f(x) = k \cdot x$ beschreiben können.

Grundwissen in Kurzform

Termdarstellung (Funktionsgleichung)

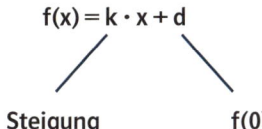

$$f(x) = k \cdot x + d$$

Steigung   f(0)

Graph: Gerade durch (0 | d)

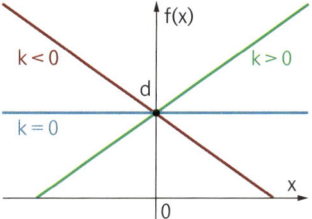

Charakteristische Eigenschaften

- $f(x + 1) = f(x) + k$
- $\dfrac{f(x_2) - f(x_1)}{x_2 - x_1} = k$

  Differenzenquotient = konstant

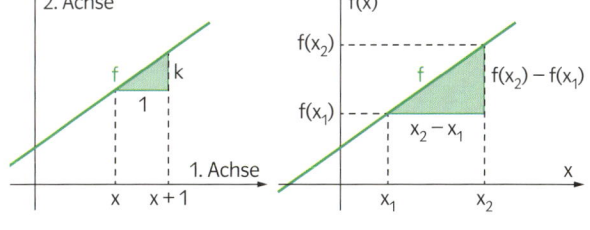

k und d in Anwendungssituationen

$f(x) = k \cdot x + d$	k	d
Zeit-Ort-Funktion	Geschwindigkeit	Entfernung vom Ausgangsort zum Zeitpunkt 0
Kostenfunktion	Kostenzuwachs pro Einheit	Fixkosten
Gebührenfunktion	Gebührenzuwachs pro Einheit	Grundgebühr

Spezialfall: Direkte Proportionalitätsfunktion (d = 0)

- Termdarstellung : $f(x) = k \cdot x$ $(k \neq 0)$
- Charakteristische Eigenschaften:

  (1) $k = \dfrac{f(x)}{x}$ $(x \neq 0)$

  (2) $k = f(1)$

  (3) $f(a \cdot x) = a \cdot f(x)$

- Graph: Gerade durch 0

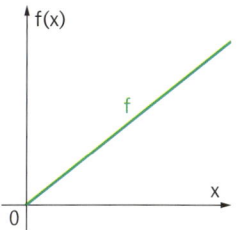

Üben für die Reifeprüfung

FA 2.1   **G.1**   Kreuze jene Funktionsgleichungen an, die eine lineare Funktion festlegen!

a)

$f_1(x) = 8 - \dfrac{x}{2}$	☐
$f_2(x) = \sqrt{x}$	☐
$f_3(x) = \dfrac{1}{x}$	☐
$f_4(x) = 0{,}006 \cdot x$	☐
$f_5(x) = 0$	☐

b)

$s_1(t) = t^2$	☐
$s_2(t) = t + 1$	☐
$s_3(t) = -t$	☐
$s_4(t) = -1$	☐
$s_5(t) = t^2 + t + 1$	☐

FA 2.1   **G.2**   Die Abbildung zeigt Ausschnitte von Graphen reeller Funktionen f_1 bis f_5.

Kreuze in der Tabelle alle jene Funktionen an, die sicher nicht linear sind!

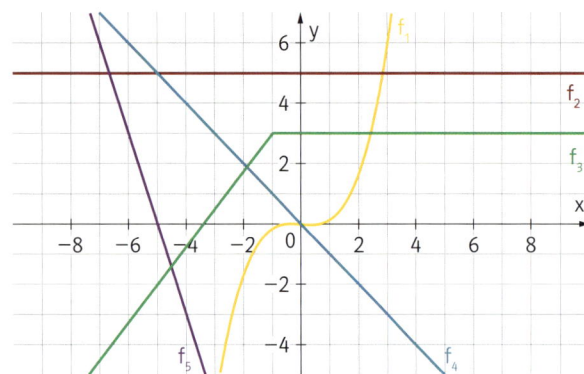

f_1	☐
f_2	☐
f_3	☐
f_4	☐
f_5	☐

FA 2.1   **G.3**   Gegeben sind Wertetabellen der reellen Funktionen f_1 bis f_5.

Kreuze alle jene Funktionen an, die sicher nicht linear sind!

x	$f_1(x)$
1	1
2	5
3	9
4	14

x	$f_2(x)$
−1	5
1	2
3	−1
5	−4

x	$f_3(x)$
−3	−1
1	2
5	5
9	8

x	$f_4(x)$
−2	6
1	3
4	−1
7	−5

x	$f_5(x)$
−4	−6
−1	−1
2	4
5	9

☐   ☐   ☐   ☐   ☐

FA 2.2   **G.4**   Von einer linearen Funktion f mit $f(x) = k \cdot x + d$ kennt man:

a) $k = 4$ und $d = -5$
Berechne $f(2)$!

b) $f(6) = -\dfrac{3}{2}$ und $d = \dfrac{1}{2}$
Berechne k!

c) $k = 0{,}3$ und $f(1) = 0{,}4$
Berechne d!

$f(2) =$ _____ $k =$ _____ $d =$ _____

FA 2.2   **G.5**   Ermittle jeweils durch Rechnung eine Funktionsgleichung von f!

a) Von einer linearen Funktion f kennt
man $f(-2) = -2$ und $f(2) = 4$.

b) Der Graph einer linearen Funktion f geht durch
die Punkte $P = (-3 \mid 4)$ und $Q = (6 \mid -1)$.

_____   _____

FA 2.2   **G.6**   In der Abbildung ist eine lineare Funktion f der Form
$f(x) = k \cdot x + d$ dargestellt.

Zeichne in die Abbildung den Graphen einer linearen
Funktion g ein, deren Steigung um 1 kleiner als die
Steigung von f ist und deren Graph die 2. Achse im
Punkt (0|1) schneidet! Gib Funktionsgleichungen von
f und g an!

$f(x) =$ _____

$g(x) =$ _____

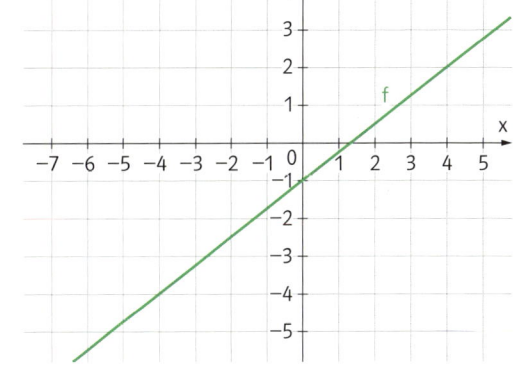

FA 2.2   **G.7**   In den Abbildungen ist jeweils eine lineare Funktion f mit $f(x) = k \cdot x + d$ dargestellt. Zeichne ein Steigungsdreieck ein und lies k und d ab!

a)

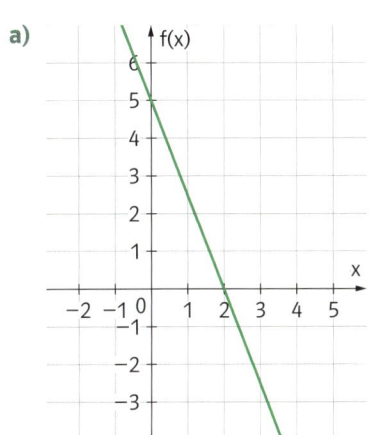

k = _____   d = _____

b)

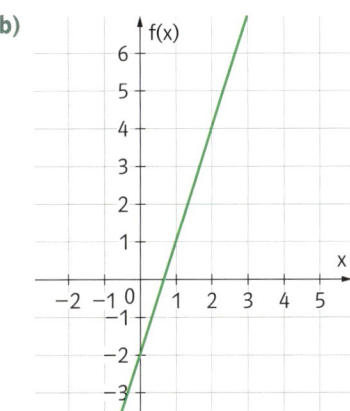

k = _____   d = _____

FA 2.2   **G.8**   Von den linearen Funktionen f und g kennt man jeweils
einige Werte, die in den Wertetabellen angegeben sind.

Ergänze die fehlenden Werte in den Wertetabellen und
gib Funktionsgleichungen von f und g an!

$f(x) =$ _____ $g(x) =$ _____

a)

x	f(x)
−1	3
0	
3	−5
	−9

b)

x	g(x)
0	−1
2	−3
	−7
10	

FA 2.3   **G.9**   Welche Funktionsgraphen sind in diesem Koordinatensystem dargestellt? Ordne jeder der vier Funktionen
in der linken Tabelle eine passende Zuordnungsvorschrift aus der rechten Tabelle zu!

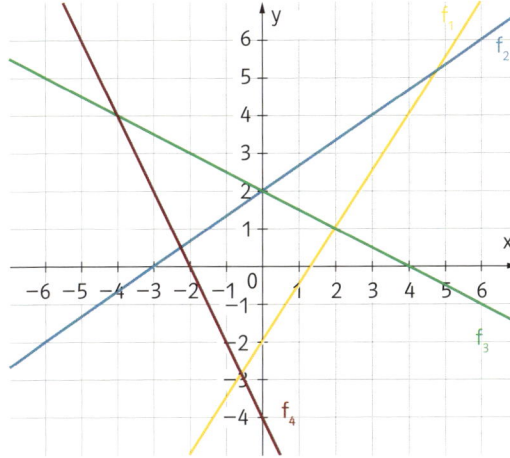

f_1	
f_2	
f_3	
f_4	

A	$x \mapsto -2x - 4$
B	$x \mapsto 2x - 3$
C	$x \mapsto -\frac{1}{4}x - 4$
D	$x \mapsto -\frac{1}{2}x + 2$
E	$x \mapsto \frac{3}{2}x - 2$
F	$x \mapsto \frac{2}{3}x + 2$

FA 2.3 **G.10** Der Graph einer linearen Funktion f mit $f(x) = k \cdot x + d$ enthält die Punkte P und Q.

Ordne jedem Punktepaar in der linken Tabelle die passenden Werte für k und d aus der rechten Tabelle zu!

P = (2|5), Q = (−3|−5)	
P = (−2|4), Q = (2|−8)	
P = (1|2), Q = (−2|8)	
P = (1|3), Q = (3|1)	

A	k = 1, d = 2
B	k = −1, d = 4
C	k = −2, d = 4
D	k = 2, d = 1
E	k = 3, d = −3
F	k = −3, d = −2

FA 2.4 **G.11** Welche dieser Aussagen treffen für jede lineare Funktion $f(x) = k \cdot x + d$ und jedes $a \in \mathbb{R}$ zu?

Dem a-fachen Argument entspricht der a-fache Funktionswert.	☐
Die Änderung der Funktionswerte ist zur Änderung der Argumente direkt proportional.	☐
Ändert sich das Argument um 1, so ändert sich der Funktionswert um d.	☐
Ändert sich das Argument um a, so ändert sich der Funktionswert um k · a.	☐
Die Steigung k gibt das Verhältnis von Funktionswert zu Argument an.	☐

FA 2.4 **G.12** Gegeben ist die Funktion f mit $f(x) = 5x − 4$.

Ergänze durch Ankreuzen den folgenden Text so, dass eine korrekte Aussage entsteht!

Wenn _____ ① _____ , dann wird _____ ② _____ .

①	
x um 3 erhöht wird	☐
x um 5 erhöht wird	☐
x verfünffacht wird	☐

②	
f(x) um 3 · 5 − 4 = 11 erhöht	☐
f(x) verfünffacht	☐
f(x) um 3 · 5 = 15 erhöht	☐

FA 2.4 **G.13** Gegeben ist die Funktion f. Kreuze jeweils alle jene Aussagen an, die für alle $x \in \mathbb{R}$ erfüllt sind!

a) $f(x) = 2x + 3$

f(x + 1) = f(x) + 3	☐
f(2x) = 2 · f(x) + 3	☐
f(x + 3) = f(x) + 6	☐
f(2x) − f(x) = 2x	☐
f(x + 1) = f(x) + 2	☐

b) $f(x) = 2x$

f(x + 3) = f(x) + 6	☐
f(x + 1) = 2 · f(x)	☐
f(3x) = 3 · f(x)	☐
f(x + 1) − f(x) + 2	☐
f(2x + 1) = 2 · f(x) + 1	☐

FA 2.6 **G.14** Liegen die gegebenen Punkte P und Q auf dem Graphen einer direkten Proportionalitätsfunktion?

Kreuze alle zutreffenden Fälle an!

P = (1|3), Q = (3|6)	☐
P = (6|8), Q = (10|12)	☐
P = (9|6), Q = (12|8)	☐
P = (−2|3), Q = (3|−2)	☐
P = (2|−6), Q = (3|−9)	☐

FA 2.5 **G.15** Ein Drehzylinder mit dem Radius r und der Höhe h hat den Mantelflächeninhalt $M = 2r\pi h$, den Oberflächeninhalt $O = 2r^2\pi + 2r\pi h$ und das Volumen $V = r^2\pi h$.

Welche dieser Zuordnungen sind lineare Funktionen?

Kreuze alle zutreffenden Funktionen an!

$h \mapsto O$; r konst.	☐
$r \mapsto V$; h konst.	☐
$M \mapsto h$; r konst.	☐
$V \mapsto h$; r konst.	☐
$r \mapsto M$; h konst.	☐

FA 2.6 **G.16** Kreuze jene Größen an, die direkt proportional zueinander sind!

Umfang und Radius eines Kreises.	☐
Seitenlänge und Umfang eines Rhombus.	☐
Durchmesser und Flächeninhalt eines Kreises.	☐
Seitenlänge und Diagonale eines Quadrats.	☐
Volumen und Höhe einer Pyramide.	☐

FA 2.3 **G.17** Die Zahl s(t) gibt den Ort eines Autos zum Zeitpunkt t an (t in h, s(t) in km). Es gilt: $s(t) = s(0) + v \cdot t$

Welche Bedeutung haben s(0) und v? Gib auch die Maßeinheiten dieser Zahlen an!

_____

FA 2.2 **G.18** Das Diagramm gibt näherungsweise die Bewegungen eines abwärts fahrenden Personenaufzugs und eines aufwärts fahrenden Lastenaufzugs in einem Gebäude wieder. In welcher Höhe $h_1(t)$ bzw. $h_2(t)$ sich die Böden der beiden Aufzüge zum Zeitpunkt t befinden, kann der Abbildung entnommen werden. Kreuze die zutreffenden Aussagen an!

Der Personenaufzug fährt schneller nach unten als der Lastenaufzug nach oben.	☐
$h_1(t) = 1,5 \cdot t$ und $h_2(t) = t$	☐
Nach 10 Sekunden befinden sich die beiden Aufzüge in gleicher Höhe.	☐
Der Lastenaufzug hat bei seiner Fahrt einen längeren Weg zurückgelegt als der Personenaufzug bei seiner Fahrt.	☐
Würde der Lastenaufzug wie dargestellt fahren, aber der Personenaufzug 10 Sekunden nach Fahrtbeginn halten und nicht weiter fahren, dann wären die beiden Aufzugböden nach weiteren 12 Sekunden mehr als 10 m voneinander entfernt.	☐

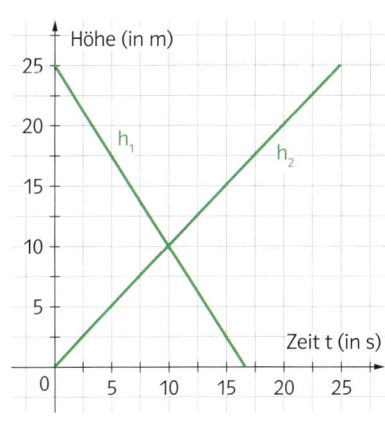

FA 2.2 **G.19** Larissa macht in den Semesterferien einen Skiurlaub in Bad Gastein. Sie möchte für die Dauer von a Tagen eine Skiausrüstung ausleihen. Dabei stößt sie auf zwei Angebote.
Angebot A: Leihgebühr am ersten Tag 50 €, jeder weitere Tag 25 €.
Angebot B: Leihgebühr am ersten Tag 80 €, jeder weitere Tag 20 €.
Ergänze durch Ankreuzen den folgenden Text so, dass eine korrekte Aussage entsteht!

Wenn die Anzahl a der Urlaubstage _____ ① _____ ist, dann _____ ② _____.

①	
größer als 3 ist	☐
größer als 5 ist	☐
größer als 7 ist	☐

②	
ist das Angebot A besser	☐
ist das Angebot B besser	☐
sind beide Angebote gleich gut	☐

Einige nichtlineare Funktionen

- **FA 1.7** Funktionen als mathematische Modelle verstehen und damit verständig arbeiten können.
- **FA 1.8** Durch Gleichungen (Formeln) gegebene Funktionen mit mehreren Veränderlichen im Kontext deuten können, Funktionswerte ermitteln können.
- **FA 3.1** Verbal, tabellarisch, grafisch oder durch eine Gleichung (Formel) gegebene Zusammenhänge als Potenzfunktionen $f(x) = a \cdot x^z$ mit $z \in \mathbb{Z}$ bzw. als Funktionen der Form $f(x) = a \cdot x^z + b$ mit $z \in \mathbb{Z}$ erkennen bzw. betrachten können; zwischen diesen Darstellungsformen wechseln können.
- **FA 3.2** Aus Tabellen Graphen und Gleichungen von Potenzfunktionen $f(x) = a \cdot x^z$ mit $z \in \mathbb{Z}$ Werte(paare) sowie die Parameter a und z ermitteln und im Kontext deuten können.
- **FA 3.3** Die Wirkung der Parameter a und b für Funktionen der Form $f(x) = a \cdot x^2 + b$ kennen und die Parameter im Kontext deuten können.
- **FA 3.4** Indirekte Proportionalität als Potenzfunktion vom Typ $f(x) = \frac{a}{x} = a \cdot x^{-1}$ beschreiben können.

Grundwissen in Kurzform

Indirekte Proportionalitätsfunktion

- **Termdarstellung:**

  $f(x) = \frac{k}{x}$ (mit $k \neq 0$, $x \neq 0$)

- **Charakteristische Eigenschaften**

  (1) $k = f(x) \cdot x$

  (2) $k = f(1)$

  (3) $f(a \cdot x) = \frac{f(x)}{a}$

- **Graph: Hyperbel** (bzw. Hyperbelast)

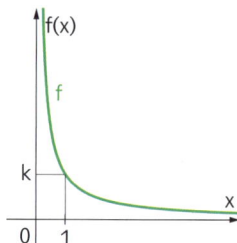

Proportionalitäten höherer Ordnung

(1) $f(x) = k \cdot x^2$ ($k \neq 0$)   **f(x)** ist **direkt proportional zum Quadrat von x**

(2) $f(x) = k \cdot x^3$ ($k \neq 0$)   **f(x)** ist **direkt proportional zur 3. Potenz von x**

(3) $f(x) = \frac{k}{x^2}$ ($k \neq 0$)   **f(x)** ist **indirekt proportional zum Quadrat von x**

(4) $f(x) = \frac{k}{x^3}$ ($k \neq 0$)   **f(x)** ist **indirekt proportional zur 3. Potenz von x**

Quadratische Funktion (quadratische Polynomfunktion)

- $f(x) = x^2 + p\,x + q$ ($p, q \in \mathbb{R}$)   **Graph:** nach oben offene Parabel; Scheitel $S = \left(-\frac{p}{2} \,\middle|\, f\left(-\frac{p}{2}\right)\right)$

- $f(x) = a\,x^2 + b\,x + c$ ($a, b, c \in \mathbb{R}$, $a \neq 0$)   **Graph:** nach oben offene Parabel für $a > 0$

  nach unten offene Parabel für $a < 0$

  Scheitel $S = \left(-\frac{b}{2a} \,\middle|\, f\left(-\frac{b}{2a}\right)\right)$

- **Nullstellen** einer quadratischen Funktion f $\triangleq$ Lösungen der quadratischen Gleichung $f(x) = 0$

Spezialfall: quadratische Funktionen mit b = 0

- **Termdarstellung:** $f(x) = a \cdot x^2 + c$ $(a \neq 0)$ ■ **Graph:** symmetrisch bezüglich 2. Achse
- Für $a = 1$ und $c = 0$ ergibt sich speziell: $f_0(x) = x^2$. Der Graph von f_0 heißt **Grundparabel**.
- Der Graph von f entsteht aus der Grundparabel in folgenden Schritten:

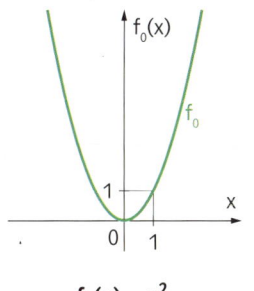 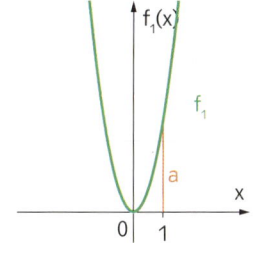 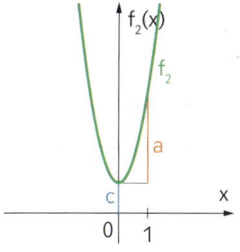

$$f_0(x) = x^2 \qquad \rightarrow \qquad f_1(x) = a \cdot x^2 \qquad \rightarrow \qquad f_2(x) = a \cdot x^2 + c$$

Üben für die Reifeprüfung

FA 3.4   **H.1**   Liegen die gegebenen Punkte P und Q auf dem Graphen einer indirekten Proportionalitätsfunktion?

Kreuze alle zutreffenden Fälle an!

$P = (2 \mid -6)$, $Q = (-3 \mid 9)$	☐
$P = (4 \mid 6)$, $Q = (3 \mid 8)$	☐
$P = (1 \mid -8)$, $Q = (-4 \mid 2)$	☐
$P = (3 \mid -4)$, $Q = (-6 \mid 8)$	☐
$P = (-2 \mid 3)$, $Q = (3 \mid -2)$	☐

FA 3.1   **H.2**   Es sind vier Graphen von Potenzfunktionen gegeben.
Ordne jedem dieser Graphen die entsprechende Funktionsgleichung aus der rechten Tabelle zu!

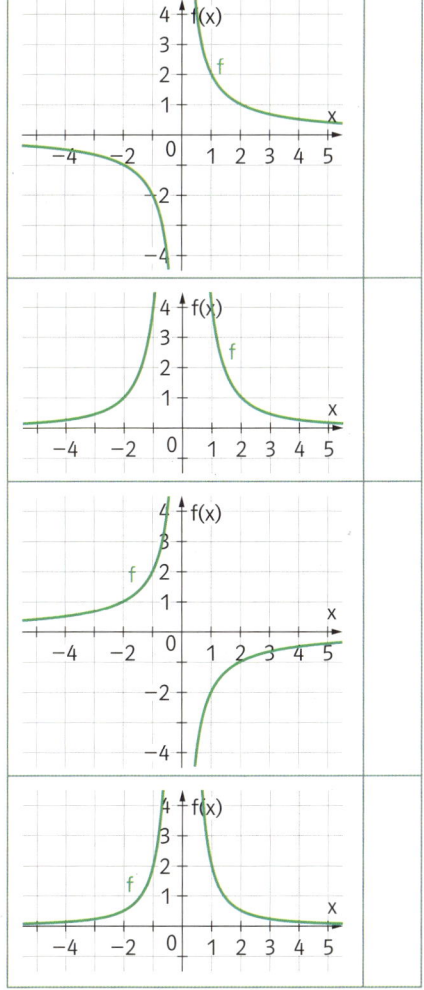

A	$f(x) = \dfrac{2}{x^2}$
B	$f(x) = \dfrac{2}{x}$
C	$f(x) = -\dfrac{2}{x^2}$
D	$f(x) = -\dfrac{2}{x}$
E	$f(x) = \dfrac{4}{x^2}$
F	$f(x) = -\dfrac{4j}{x^2}$

FA 3.2 **H.3** Gegeben ist der Graph der Funktion f mit $f(x) = \frac{16}{x^2}$.

Bestimme alle Werte, die x annehmen kann,
wenn f(x) das Intervall [4; 16] durchläuft!

_____

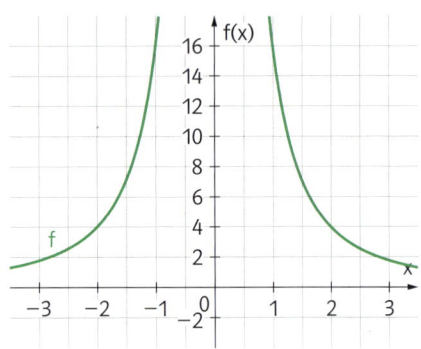

FA 3.2 **H.4** Gegeben sind die zwei Funktionen f und g der Form
$f(x) = \frac{a}{x}$ und $g(x) = -\frac{b}{x^2}$ mit a, b > 0.

Wie lauten die Koordinaten des Schnittpunkts S
der beiden Graphen?
Kreuze den zutreffenden Schnittpunkt an!

$S = (a \mid b)$	☐
$S = (-b \mid -a)$	☐
$S = \left(-\frac{b}{a} \mid \frac{a^2}{b^2}\right)$	☐
$S = \left(\frac{a}{b} \mid -\frac{b^2}{a^2}\right)$	☐
$S = \left(-\frac{b}{a} \mid -\frac{a^2}{b}\right)$	☐
$S = (0 \mid a \cdot b)$	☐

FA 3.3 **H.5** Gegeben ist eine Funktion $f: \mathbb{R} \to \mathbb{R}$ mit $f(x) = \frac{a}{x^2}$ wobei a > 0.

Welche der folgenden Aussagen erfüllt f für jedes a > 0? Kreuze die beiden richtigen Aussagen an!

f hat keine Nullstelle.	☐
Der Graph von f schneidet die zweite Achse genau im Punkt (0 | a).	☐
Der Graph der Funktion verläuft im dritten und vierten Quadranten.	☐
Der Graph der Funktion verläuft im ersten und dritten Quadranten.	☐
Der Graph von f verläuft immer durch den Punkt (1 | a).	☐

FA 3.2 **H.6** Gegeben ist die quadratischen Funktion f mit $f(x) = x^2 - 4x - c$, wobei $c \in \mathbb{R}$.
Der Graph von f geht durch den Punkt $P = (2 \mid 5)$. Bestimme den Wert des Parameters c!

c = _____

FA 3.2 **H.7** **a)** Gegeben ist der Graph einer Funktion f
mit $f(x) = ax^2 + bx + c$, wobei $a, b, c \subset \mathbb{R}$.

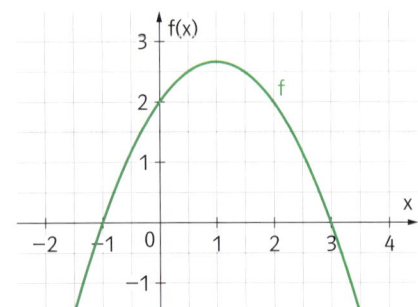

Ermittle c!

c = _____

b) Gegeben ist der Graph einer Funktion f
mit $f(x) = ax^2 - 2x + c$, wobei $a, c \in \mathbb{R}$.

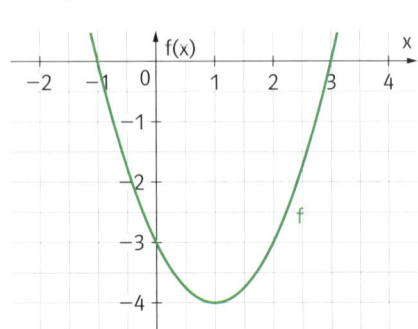

Ermittle a und c!

a = _____   c = _____

FA 3.1 **H.8** Es sind vier Graphen quadratischer Funktionen gegeben.
Ordne jedem dieser Graphen die entsprechende Funktionsgleichung aus der rechten Tabelle zu!

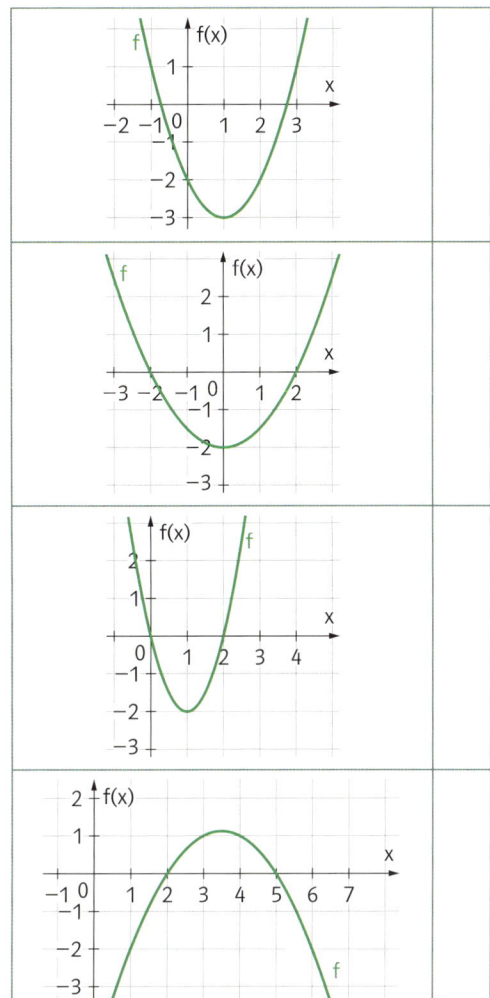

A	$f(x) = x^2 + 2x + 1$
B	$f(x) = \frac{1}{2}x^2 - 2$
C	$f(x) = 2x^2 - 4x$
D	$f(x) = \frac{1}{2}x^2 - \frac{7}{2}x + 5$
E	$f(x) = -\frac{1}{2}x^2 + \frac{7}{2}x - 5$
F	$f(x) = x^2 - 2x - 2$

FA 3.2 **H.9** Gegeben sind vier Mengen von Nullstellen quadratischer Funktionen. Ordne jeder dieser Mengen eine passende Funktionsgleichung aus der rechten Tabelle zu!

$N_1 = \{0, 16\}$	
$N_2 = \{-2, 2\}$	
$N_3 = \{\}$	
$N_4 = \{1\}$	

A	$f(x) = x^2 + 2x + 1$
B	$f(x) = x^2 - 16x$
C	$f(x) = x^2 - 2x + 1$
D	$f(x) = x^2 + 16x$
E	$f(x) = x^2 - 4$
F	$f(x) = x^2 + 2$

FA 3.3 **H.10** Gegeben ist die Funktion f mit $f(x) = ax^2 + bx + c$, wobei $a, b, c \in \mathbb{R}$ und $a \neq 0$ ist.
Ihr Graph berührt die erste Achse an genau einer Stelle.
Ergänze die Textlücken im folgenden Satz durch Ankreuzen der jeweils richtigen Satzteile so, dass eine mathematisch korrekte Aussage entsteht!

In diesem Fall gilt: _____①_____ und die Funktion f hat _____②_____.

①	
$b^2 - 4ac > 0$	☐
$b^2 - 4ac = 0$	☐
$b^2 - 4ac < 0$	☐

②	
keine Nullstelle	☐
genau eine Nullstelle	☐
zwei Nullstellen	☐

FA 3.3   **H.11**   Gegeben ist die Funktion f mit $f(x) = x^2 + px + q$, ihr Graph schneidet die erste Achse an zwei Stellen.

Ergänze die Textlücken im folgenden Satz durch Ankreuzen der jeweils richtigen Satzteile so, dass eine mathematisch korrekte Aussage entsteht!

In diesem Fall gilt: _____ ① _____ und die Funktion f hat _____ ② _____.

①	
$\frac{p^2}{4} - q > 0$	☐
$\frac{p^2}{4} - q = 0$	☐
$\frac{p^2}{4} - q < 0$	☐

②	
keine Nullstelle	☐
genau eine Nullstelle	☐
zwei Nullstellen	☐

FA 3.4   **H.12**   Welche dieser Formeln beschreiben eine indirekte Proportionalität zwischen v und w (u konstant)?

Kreuze alle zutreffenden Formeln an!

$v = \frac{w}{u}$	☐
$v \cdot w = u$	☐
$w = \frac{u^2}{v}$	☐
$v = u - w$	☐
$u = \frac{1}{w \cdot v}$	☐

FA 1.8   **H.13**   Es sind fünf verschiedene Formeln gegeben.
Es gilt: u ist indirekt proportional zu a und zu b^2.
Welche der fünf Formeln beschreiben die oben formulierte Abhängigkeit?

Kreuze alle zutreffenden Formeln an!

$u = \frac{a \cdot b^2}{2}$	☐
$u = 3 \cdot \frac{a}{b^2}$	☐
$u = \frac{4}{a \cdot b^2}$	☐
$u = \frac{1}{5 \cdot a \cdot b^2}$	☐
$u = \frac{5}{6 \cdot a \cdot b}$	☐

FA 3.3   **H.14**   Gegeben sind fünf Funktionen f_1, f_2, f_3, f_4 und f_5 mit

$$f_1(x) = 3x^2 + 1, \quad f_2(x) = 3x^2, \quad f_3(x) = \frac{3}{x}, \quad f_4(x) = \frac{x}{3} \quad \text{und} \quad f_5(x) = \frac{3}{x^2}$$

Kreuze die zutreffenden Aussagen an!

$f_1(x)$ ist direkt proportional zum Quadrat von x.	☐
Für f_2 gilt: Das a-fache des Arguments entspricht dem a-fachen des Funktionswerts.	☐
Für f_3 gilt: Das a-fache des Arguments entspricht dem a-ten Teil des Funktionswertes.	☐
Das Produkt aus dem Funktionswert $f_4(x)$ und dem Argument x ist konstant.	☐
$f_5(x)$ ist indirekt proportional zum Quadrat von x.	☐

FA 1.8   **H.15**   Gegeben ist die Formel $M = \frac{m \cdot u}{r}$ mit $m > 0$, $u > 0$, $r > 0$.

Gib an, mit welchem Faktor sich M verändert, wenn man m und u verdoppelt und r konstant bleibt!

_____

FA 3.3   **H.16**   Gegeben ist die Funktion f: $\mathbb{R}^* \to \mathbb{R}$ mit $f(x) = \frac{3}{x}$.

Welche Aussagen sind korrekt?
Kreuze alle zutreffenden Aussagen an!

Wird x verdoppelt, dann verdoppelt sich f(x).	☐
Wird x halbiert, dann halbiert sich f(x).	☐
Wird x verdoppelt, dann halbiert sich f(x).	☐
Wird x halbiert, dann verdoppelt sich f(x).	☐
Wird x verdoppelt, dann bleibt f(x) konstant.	☐

FA 1.7   **H.17**   Welche der folgenden Aussagen treffen

auf die Formel $F = \frac{4\pi^2 \cdot m \cdot r}{T^2}$ (mit m, r, T > 0) zu?

Kreuze alle zutreffenden Aussagen an!

m ist zu r direkt proportional.	☐
F ist zu m direkt proportional.	☐
r ist zu F indirekt proportional.	☐
m ist zum Quadrat von T direkt proportional.	☐
F ist zum Quadrat von T indirekt proportional.	☐

FA 1.7   **H.18**   Liegt an den Enden eines elektrischen Leiters eine Spannung U (in Volt), so fließt Strom der Stärke I (in Ampere). Mit R (in Ohm) bezeichnet man den elektrischen Widerstand. Zwischen U und I herrscht aufgrund des Ohm'schen Gesetzes folgender Zusammenhang: $I = \frac{U}{R}$.

Betrachte die Funktion f, die I in Abhängigkeit von R darstellt. Zeichne den Graphen von f in das unten stehende Koordinatensystem, wenn eine Spannung von 50 V herrscht.

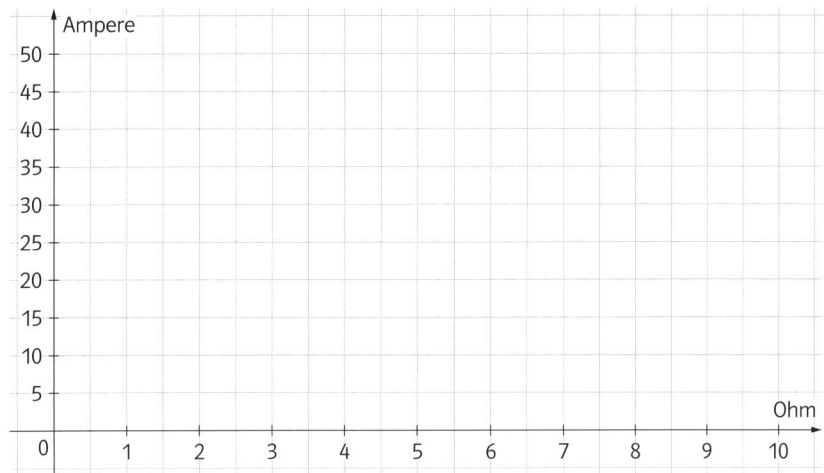

FA 1.7   **H.19**   Der Gewinn eines Unternehmens ergibt sich aus der Differenz von Erlös und Kosten.
Gegeben ist eine Gewinnfunktion G mit $G(x) = -0{,}3x^2 + 18x - 150$, sie gibt für jede produzierte Einheit x den Gewinn G(x) an. Der Gewinnbereich bezeichnet jenen Bereich der Definitionsmenge von G, in dem G größer als 0 ist.

Gib den Gewinnbereich an!

_____

Lineare Gleichungen und Gleichungssysteme in zwei Variablen

Grundkompetenzen für die Reifeprüfung

- **AG 2.5** **Lineare Gleichungssysteme in zwei Variablen** aufstellen, interpretieren, umformen/lösen können, über Lösungsfälle Bescheid wissen, Lösungen und Lösungsfälle (auch geometrisch) deuten können.

Grundwissen in Kurzform

Lineare Gleichung in x und y

$a \cdot x + b \cdot y = c$ (mit a, b und c $\in \mathbb{R}$, a und b nicht beide 0)

- Die **Lösungen** dieser Gleichung sind **Zahlenpaare (x | y)**.
- Die **Lösungsmenge** ist eine **Gerade** in $\mathbb{R}^2$ mit der Gleichung $a \cdot x + b \cdot y = c$.

Formen einer Geradengleichung

- **Implizite Form:** $a \cdot x + b \cdot y = c$
- **Explizite Form:** $y = -\frac{a}{b} \cdot x + \frac{c}{b}$

Lineares Gleichungssystem in x und y

$\begin{cases} a_1 x + a_2 y = a_0 & (a_1, a_2, a_0 \in \mathbb{R}, a_1 \text{ und } a_2 \text{ nicht beide } 0) \quad \text{Gerade g} \\ b_1 x + b_2 y = b_0 & (b_1, b_2, b_0 \in \mathbb{R}, b_1 \text{ und } b_2 \text{ nicht beide } 0) \quad \text{Gerade h} \end{cases}$

Lösungsfälle

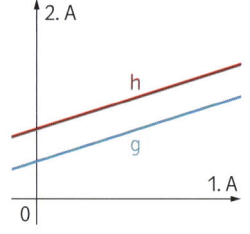

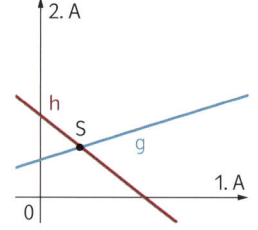

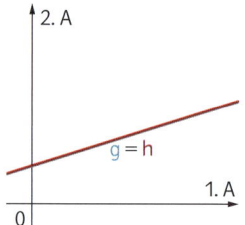

keine Lösung   genau eine Lösung   unendlich viele Lösungen

Üben für die Reifeprüfung

AG 2.5 **I.1** Zeichne die Gerade mit der Gleichung x + 3y = 12 in das unten abgebildete Koordinatensystem ein!

Ermittle alle Lösungen (x | y) dieser Gleichung mit x $\in \mathbb{N}$ und y $\in \mathbb{N}$ und zeichne die entsprechenden Punkte in das Koordinatensystem ein!

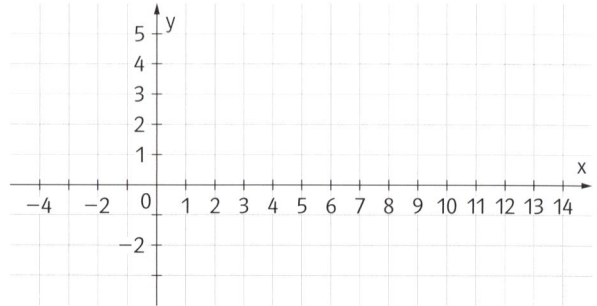

AG 2.5   **I.2**   Welche dieser Zahlenpaare sind Lösungen der Gleichung $3x - 5y = 1$?

$(7\,|\,4)$	☐
$(2\,|\,{-1})$	☐
$(5\,|\,3)$	☐
$(3\,|\,2)$	☐
$({-3}\,|\,{-2})$	☐

AG 2.5   **I.3**   Kreuze alle Gleichungen an, die dieselbe Lösungsmenge haben wie die Gleichung $15x - 10y = 60$!

$-12x + 8y = 48$	☐
$y = \frac{3}{2}x - 6$	☐
$4y - 6x + 24 = 0$	☐
$x = \frac{2y + 12}{3}$	☐
$30y - 20x = 120$	☐

AG 2.5   **I.4**   Die Gleichung $a \cdot x + b \cdot y = 4$ hat die Lösungen $({-4}\,|\,4)$ und $(5\,|\,{-2})$.
Ermittle a und b, gib die erhaltene Gleichung in impliziter und expliziter Form an und zeichne die entsprechende Gerade in das Koordinatensystem ein!

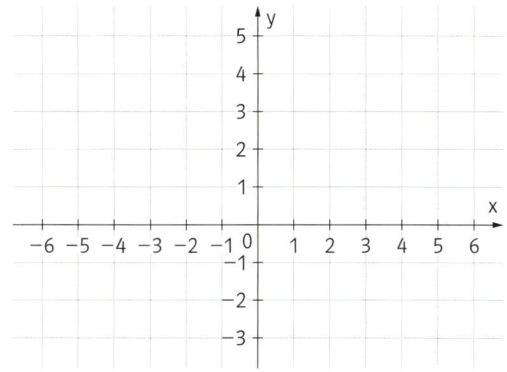

$a = $ _____ , $b = $ _____

Gleichung in impliziter Form: _____

Gleichung in expliziter Form: _____

AG 2.5   **I.5**   Für welche Werte von a, b, c beschreibt die Gleichung $a \cdot x + b \cdot y = c$ eine Gerade der Ebene?

$a \neq 0, b \neq 0, c = 0$	☐
$a \neq 0, b = c = 0$	☐
$a = b = 0, c \neq 0$	☐
$a = 0, b \neq 0, c \neq 0$	☐
$a = b = c = 0$	☐

AG 2.5   **I.6**   Gib fünf ganzzahlige Lösungen der Gleichung $30x + 40y = 500$ an!

_____

AG 2.5   **I.7**   In der linken Tabelle werden Beziehungen zwischen zwei Zahlen x und y beschrieben. Ordne jeder dieser Beschreibungen eine passende lineare Gleichung aus der rechten Tabelle zu!

Das Doppelte von x ist um eins kleiner als y.	
Das Doppelte von y ist um zwei größer als x.	
Die Hälfte von x ist um zwei kleiner als y.	
Die Hälfte von y ist um eins größer als x.	

A	$x - 2y + 1 = 0$
B	$2x - y + 1 = 0$
C	$x - 2y + 2 = 0$
D	$2x - y + 2 = 0$
E	$x - 2y + 4 = 0$
F	$2x - y + 4 = 0$

AG 2.5   **I.8**   In einer Jugendherberge sollen Vierbettzimmer und Sechsbettzimmer mit insgesamt 82 Betten eingerichtet werden. Wie viele Vierbettzimmer und Sechsbettzimmer kämen in Frage?
Stelle zu diesem Text eine lineare Gleichung mit selbst gewählten Variablen auf und ermittle alle in Frage kommenden Lösungen!

Gleichung: _____   Mögliche Lösungen: _____

AG 2.5   **I.9**   Löse dieses lineare Gleichungssystem graphisch im rechts abgebildeten Koordinatensystem!

$$\begin{cases} 4x + 3y = 18 \\ 2x - 7y = -8 \end{cases}$$

Gib die Lösungsmenge an:

_____

AG 2.5   **I.10**   Löse diese linearen Gleichungssysteme rechnerisch!

a) $\begin{cases} 6x + 4y = 46 \\ 8x - 5y = 20 \end{cases}$ b) $\begin{cases} -1{,}2x + 0{,}8y = -2{,}4 \\ 1{,}8x - 1{,}2y = 3{,}6 \end{cases}$

Gib die Lösungsmenge an: _____   _____

AG 2.5   **I.11**   Gib zur Gleichung $3x + 8y = -18$ eine zweite lineare Gleichung so an, dass das entstehende lineare Gleichungssystem

a) genau eine Lösung hat,   b) keine Lösung hat,   c) unendlich viele Lösungen hat!

_____   _____   _____

AG 2.5   **I.12**   Gegeben ist das lineare Gleichungssystem $\begin{cases} 4x - 2y = 8 \\ ax + by = 8 \end{cases}$.

a) Finde Zahlen a und b, sodass das Gleichungssystem die Lösungsmenge $\{(3\,|\,2)\}$ hat!

a = _____ , b = _____

b) Finde Zahlen a und b, sodass das Gleichungssystem keine Lösung hat!

a = _____ , b = _____

AG 2.5   **I.13**   Beschreibe den folgenden Sachverhalt durch ein Gleichungssystem in zwei selbst gewählten Variablen und ermittle die Lösung!

a) Die Durchmesser zweier Kochtöpfe verhalten sich wie 10 : 7. Der Durchmesser des kleineren Topfes ist um 9 cm kleiner als der des größeren Topfes.

Gleichungssystem: _____

Lösung: _____

b) Für zwei Erwachsene und drei Kinder kostet der Eintritt im Thermalbad 100 €. Für drei Erwachsene und fünf Kinder wären 158 € zu bezahlen.

Gleichungssystem: _____

Lösung: _____

J Vektoren

Grundkompetenzen für die Reifeprüfung

- AG 3.1 **Vektoren als Zahlentupel** verständig einsetzen und im Kontext deuten können.
- AG 3.3 Definitionen der **Rechenoperationen** mit Vektoren (Addition, Multiplikation mit einem Skalar, Skalarmultiplikation) kennen, Rechenoperationen verständig einsetzen und deuten können.

Grundwissen in Kurzform

Vektoren in $\mathbb{R}^2$

- $\mathbb{R}^2$ = **Menge aller Zahlenpaare** $(a_1 \mid a_2)$ mit $a_1, a_2 \in \mathbb{R}$.
  Ein solches Zahlenpaar bezeichnet man auch als **Vektor in $\mathbb{R}^2$**.

- **Schreibweisen für Vektoren:** $A = (a_1 \mid a_2) = \begin{pmatrix} a_1 \\ a_2 \end{pmatrix}$ $\begin{array}{l} \rightarrow \text{1. Koordinate von A} \\ \rightarrow \text{2. Koordinate von A} \end{array}$

  Zeilenform Spaltenform

- Zwei Vektoren heißen **gleich**, wenn sie **dieselben Zahlen in der gleichen Reihenfolge** enthalten.

- Der Vektor $(0 \mid 0)$ heißt **Nullvektor** in $\mathbb{R}^2$.

- Die reellen Zahlen bezeichnet man auch als **Skalare**, um sie deutlich von den **Vektoren** zu unterscheiden.

Rechenoperationen für Vektoren in $\mathbb{R}^2$

- **Addition:** $A + B = \begin{pmatrix} a_1 \\ a_2 \end{pmatrix} + \begin{pmatrix} b_1 \\ b_2 \end{pmatrix} = \begin{pmatrix} a_1 + b_1 \\ a_2 + b_2 \end{pmatrix}$

- **Subtraktion:** $A - B = \begin{pmatrix} a_1 \\ a_2 \end{pmatrix} - \begin{pmatrix} b_1 \\ b_2 \end{pmatrix} = \begin{pmatrix} a_1 - b_1 \\ a_2 - b_2 \end{pmatrix}$

  Merke: Vektoren werden addiert (subtrahiert), indem man die einander entsprechenden Koordinaten addiert (subtrahiert).

- **Multiplikation mit einem Skalar:** $r \cdot A = \begin{pmatrix} r \cdot a_1 \\ r \cdot a_2 \end{pmatrix}$

  Merke: Ein Vektor wird mit einer reellen Zahl multipliziert, indem man jede Koordinate des Vektors mit der reellen Zahl multipliziert.

- **Skalarprodukt:** $A \cdot B = \begin{pmatrix} a_1 \\ a_2 \end{pmatrix} \cdot \begin{pmatrix} b_1 \\ b_2 \end{pmatrix} = a_1 \cdot b_1 + a_2 \cdot b_2$

  Merke: Das **Skalarprodukt** zweier Vektoren ist **kein Vektor**, sondern eine **reelle Zahl** (ein Skalar).

Üben für die Reifeprüfung

AG 3.3   **J.1**   Gegeben sind die Vektoren A = (−3 | 5), B = (4 | −2) und C = (−6 | 0).

Kreuze alle zutreffenden Aussagen an!

a)

A − B = (−7 | 3)	☐
A + C = (−9 | 5)	☐
2A − 4B = (10 | 2)	☐
A − (B − C) = (−13 | 7)	☐
A + 2B − C = (−1 | 1)	☐

b)

A · C = (18 | 0)	☐
B · B = 12	☐
(A + B) · C = −6	☐
(B + C)² = 8	☐
A · A + C · C = 70	☐

AG 3.3   **J.2**   **a)** Gegeben sind die Vektoren
$$A = \begin{pmatrix} 1 \\ 4 \end{pmatrix} \text{ und } B = \begin{pmatrix} -3 \\ -9 \end{pmatrix}.$$

Ermittle jenen Vektor C,
für den gilt A + C = B!

C = _____

b) Gegeben sind die Vektoren
$$A = \begin{pmatrix} 5 \\ 2 \end{pmatrix} \text{ und } B = \begin{pmatrix} 2 \\ -3 \end{pmatrix}.$$

Ermittle jenen Vektor D,
für den gilt 3B + D = 4A!

D = _____

AG 3.3   **J.3**   Gegeben ist der Vektor A = (1 | 3).
Für welche Vektoren B ist das Skalarprodukt A · B gleich 0?

Kreuze die beiden zutreffenden Vektoren an!

B = (1 | 3)	☐
B = (3 | 1)	☐
B = (−1 | −3)	☐
B = (−3 | 1)	☐
B = (3 | −1)	☐

AG 3.3   **J.4**   Gegeben sind die Vektoren A, B ∈ ℝ² und zwei Skalare r, s ∈ ℝ.

Welche der folgenden Rechenoperationen hat/haben als Ergebnis eine reelle Zahl?
Kreuze alle zutreffenden Rechenoperationen an!

a)

A + s · B + C	☐
A · B	☐
B − A	☐
(r · s) · A	☐
(s · A) · B	☐

b)

(r + s) · A	☐
(A + B) · C	☐
(A · B) · C	☐
A · B − B · A	☐
r · A − r · A	☐

AG 3.3   **J.5**   Gegeben sind die Vektoren A, B, C ∈ ℝ² und zwei Skalare r, s ∈ ℝ.

Welche der folgenden Formeln sind wahr?
Kreuze alle zutreffenden Formeln an!

a)

(A + B) · C = A · C + B · C	☐
(A · B) · C = A · (B · C)	☐
(A + B) + C = A + (B + C)	☐
A · (B − C) = A · B − C · A	☐
(A + B)² = A · A + B · B	☐

b)

s · (A + B) = s · A + s · B	☐
(r + s) · A = r · s · A	☐
(r · A) · B = A · (r · B)	☐
(A + B)² = (A · B)²	☐
(A + B) · (A − B) = A² − B²	☐

AG 3.1   J.6   Luis war vor einem Jahr auf Urlaub. Die Kosten für den Flug betrugen
180 € und für das Hotel 360 €.

Inzwischen ist alles um 5 % teurer geworden.
Welcher Vektor gibt die neuen Preise an, wenn die erste Koordinate den
Flugpreis und die zweite Koordinate den Hotelpreis angibt?

Kreuze alle zutreffenden Vektoren an!

$150 \cdot \begin{pmatrix} 180 \\ 360 \end{pmatrix}$	☐
$1,05 \cdot \begin{pmatrix} 180 \\ 360 \end{pmatrix}$	☐
$\begin{pmatrix} 270 \\ 540 \end{pmatrix}$	☐
$\begin{pmatrix} 189 \\ 378 \end{pmatrix}$	☐
$\begin{pmatrix} 378 \\ 189 \end{pmatrix}$	☐

AG 3.1   J.7   Bei Familie Meier gehen Mutter und Vater arbeiten.
Die Mutter verdient M € pro Monat und der Vater verdient V € pro Monat.

Was bedeutet in diesem Zusammenhang das Skalarprodukt $\begin{pmatrix} M \\ V \end{pmatrix} \cdot \begin{pmatrix} 1 \\ 1 \end{pmatrix}$?

_____

AG 3.1   J.8   Eine Firma produziert zwei Waren. Im letzten Jahr wurden 640 Stück der Ware 1 zum Preis von 40 € und
836 Stück der Ware 2 zum Preis von 60 € verkauft.

Was bedeutet in diesem Zusammenhang das Skalarprodukt $\begin{pmatrix} 640 \\ 836 \end{pmatrix} \cdot \begin{pmatrix} 40 \\ 60 \end{pmatrix}$? Berechne dieses!

_____

AG 3.1   J.9   Die Abbildung rechts zeigt ein aus Rechtecken zusammengesetztes
Grundstück (a, b, c und d in Meter).

Was bedeutet in diesem Zusammenhang das Skalarprodukt $\begin{pmatrix} a \\ c \end{pmatrix} \cdot \begin{pmatrix} b \\ d \end{pmatrix}$?

_____

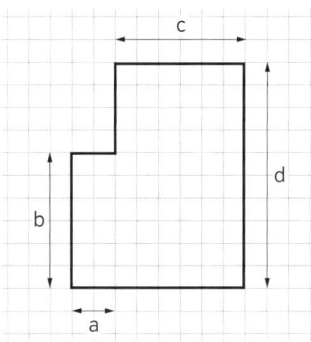

AG 3.1   J.10   Ein Unternehmen hat zwei Maschinen. Die eine Maschine erstellt monatlich a-mal das Produkt A und
benötigt für das Erstellen eines Stücks 5 min. Die andere Maschine produziert monatlich b-mal das
Produkt B und benötigt 7 min für die Herstellung eines Stücks.

Was bedeutet in diesem Zusammenhang das Skalarprodukt $\begin{pmatrix} a \\ b \end{pmatrix} \cdot \begin{pmatrix} 5 \\ 7 \end{pmatrix}$?

_____

AG 3.1   J.11   Ein Unternehmen produziert Regenschirme.

Der Vektor $\begin{pmatrix} 7263 \\ S_2 \end{pmatrix}$ gibt die Anzahl verkauften Stück im ersten und im zweiten Halbjahr an.

Im ersten Halbjahr wurden die Schirme um 7,50 € und im zweiten um 6,50 € verkauft.

Wie viele Stück S_2 wurden im zweiten Halbjahr verkauft, wenn das Unternehmen einen Jahresumsatz von
109 261 € gemacht hat?

_____

K Geometrische Darstellung von Vektoren und deren Rechenoperationen

- AG 3.2 **Vektoren** geometrisch (als **Punkte** bzw. **Pfeile**) deuten und verständig einsetzen können.
- AG 3.3 Definitionen der **Rechenoperationen** mit Vektoren (Addition, Multiplikation mit einem Skalar, Skalarmultiplikation) kennen, Rechenoperationen verständig einsetzen und (auch geometrisch) deuten können.
- AG 3.5 Normalvektoren in $\mathbb{R}^2$ aufstellen, verständig einsetzen und interpretieren können.

Grundwissen in Kurzform

Geometrische Darstellung von Vektoren in $\mathbb{R}^2$

$(a_1 \mid a_2)$ als Punkt:

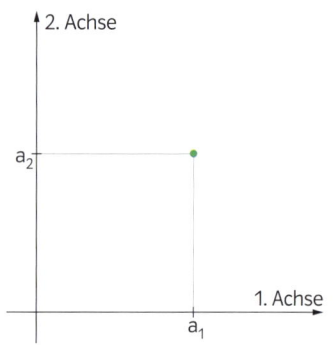

$(a_1 \mid a_2)$ als Pfeil:

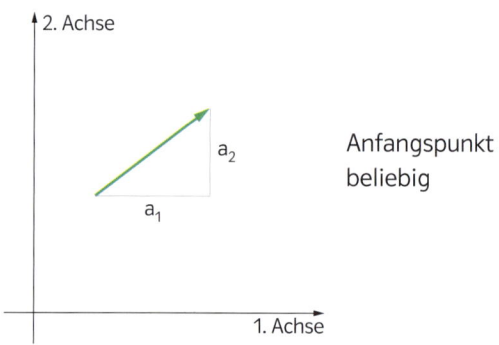

Anfangspunkt beliebig

- Jedem Vektor aus $\mathbb{R}^2$ entspricht genau ein Punkt der Ebene und umgekehrt.

- Jedem Vektor aus $\mathbb{R}^2$ entsprechen unendlich viele Pfeile der Ebene (die alle gleich lang, parallel und gleich gerichtet sind). Umgekehrt entspricht jedem Pfeil der Ebene genau ein Vektor aus $\mathbb{R}^2$.

Bezeichnung von Vektoren

	Vektor aus $\mathbb{R}^2$	Nullvektor $(0 \mid 0)$
bei Deutung als Punkt	A, B, C, …	O (Ursprung)
bei Deutung als Pfeil	$\vec{a}, \vec{b}, \vec{c}, …$	$\vec{o}$ (Nullpfeil)
bei Deutung als Pfeil von A nach B	$\overrightarrow{AB}$	

Es gilt:
- $\overrightarrow{AB} = B - A$ (Vektor = Endpunkt minus Anfangspunkt)
- $\overrightarrow{AB} = -\overrightarrow{BA}$

Geometrische Darstellung der Rechenoperationen von Vektoren in $\mathbb{R}^2$

$A + \overrightarrow{AB} = B$

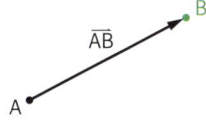

$\overrightarrow{AB} + \overrightarrow{BC} = \overrightarrow{AC}$

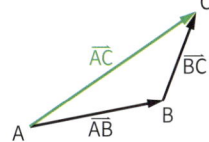

$r \cdot \vec{a}$ (Streckung mit dem Faktor r)

r > 0   r < 0   r = 0

Parallelogrammregel:

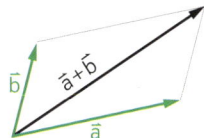

Differenzregel:

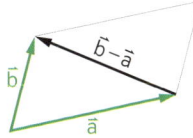

Mittelpunkt einer Strecke AB:

$M = \frac{1}{2} \cdot (A + B)$

Betrag eines Vektors:

$|\vec{a}| = \sqrt{a_1^2 + a_2^2} = \sqrt{\vec{a}^2}$ = Länge eines zu $\vec{a}$ gehörigen Pfeils

Abstand der Punkte A und B $= |\overrightarrow{AB}|$

Parallele Vektoren:

$\vec{a} \parallel \vec{b} \Longleftrightarrow \vec{b} = r \cdot \vec{a}$ $(\vec{a}, \vec{b} \neq \vec{o}$ und $r \in \mathbb{R}^*)$

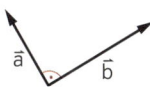

Normale (orthogonale) Vektoren:

$\vec{a} \perp \vec{b} \Longleftrightarrow \vec{a} \cdot \vec{b} = 0$

Üben für die Reifeprüfung

AG 3.2   **K.1**   Stelle das Zahlenpaar (−3 | 2) durch einen Punkt P und durch drei Pfeile im nebenstehenden Koordinatensystem dar!

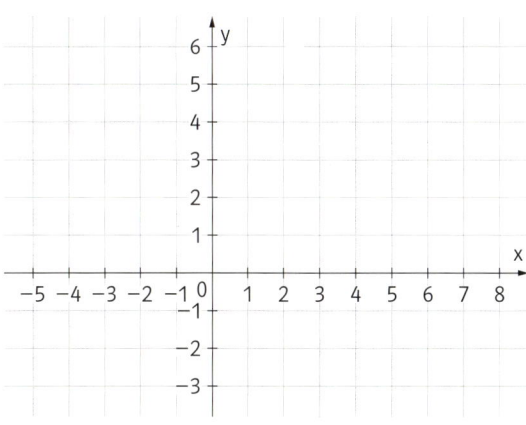

AG 3.2　**K.2**　Stelle im nebenstehenden Koordinatensystem den Vektor $\vec{d} = -3 \cdot \vec{a} + 2 \cdot \vec{b} + 2 \cdot \vec{c}$ durch einen vom Punkt A = (5 | 3) ausgehenden Pfeil dar und gib den Vektor $\vec{d}$ an!

$\vec{d} = $ _____

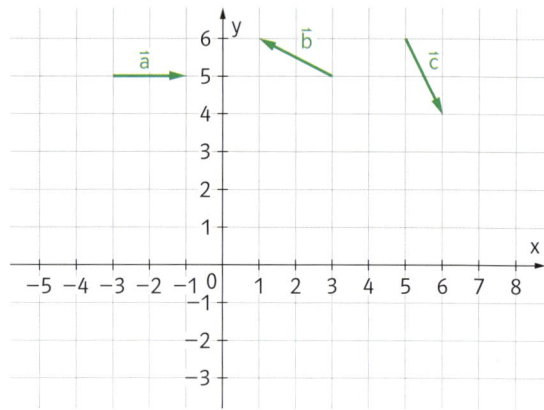

AG 3.2　**K.3**　Stelle im nebenstehenden Koordinatensystem den Vektor $2 \cdot \vec{a} - 4 \cdot \vec{b} - 2 \cdot \vec{c}$ durch einen vom Punkt A = (0 | 1) ausgehenden Pfeil dar und gib die Koordinaten des Punktes B = A + 2 · $\vec{a}$ − 4 · $\vec{b}$ − 2 · $\vec{c}$ an!

B = _____

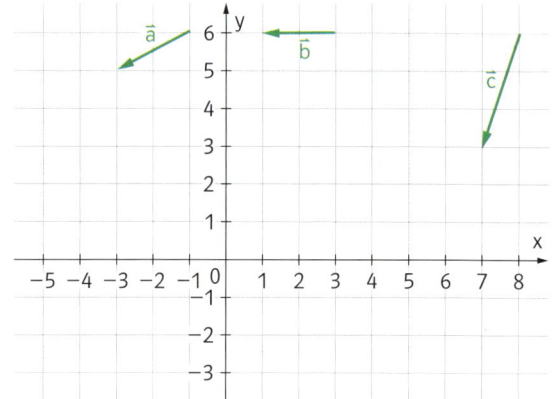

AG 3.2　**K.4**　Drücke den Vektor $\vec{c}$ durch $\vec{a}$ und $\vec{b}$ aus!

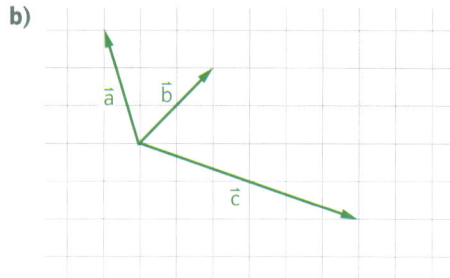

a)

$\vec{c} = $ _____

b)

$\vec{c} = $ _____

AG 3.2　**K.5**　Ordne jeder dieser drei Pfeildarstellungen eine passende Gleichung aus der rechten Tabelle zu!

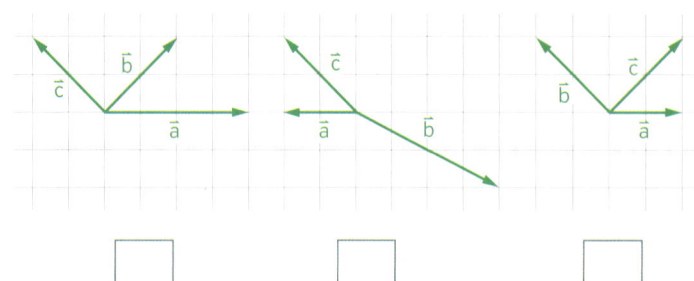

A	$\vec{c} = \vec{a} - \vec{b}$
B	$\vec{c} = \vec{b} - \vec{a}$
C	$\vec{c} = \vec{a} + \vec{b}$
D	$\vec{c} = -\vec{a} - \vec{b}$
E	$\vec{c} = 2 \cdot \vec{a} + \vec{b}$
F	$\vec{c} = \vec{b} - 2 \cdot \vec{a}$

AG 3.3 **K.6** Ordne jeder Darstellung von $\vec{x}$ in der linken Tabelle die vereinfachte Darstellung in der rechten Tabelle zu!

$\vec{x} = \overrightarrow{BA} - \overrightarrow{BC}$
$\vec{x} = \overrightarrow{AB} - (\overrightarrow{CB} + \overrightarrow{AC})$
$\vec{x} = \overrightarrow{AD} + \overrightarrow{CB} - \overrightarrow{AB}$
$\vec{x} = \overrightarrow{BD} - (\overrightarrow{CD} - \overrightarrow{AB})$

A	$\vec{x} = \overrightarrow{AC}$
B	$\vec{x} = \overrightarrow{CD}$
C	$\vec{x} = \vec{o}$
D	$\vec{x} = \overrightarrow{CA}$
E	$\vec{x} = \overrightarrow{DA}$

AG 3.3 **K.7** Gegeben ist die nebenstehende Figur. Kreuze in der Tabelle alle richtigen Darstellungen an!

Hinweis: Gehe jeweils von einem geeigneten Punkt aus, zB $H = C + \overrightarrow{CH} = \ldots$

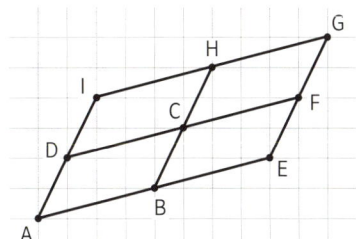

$H = 2 \cdot C - B$	☐
$G = 2 \cdot C - A$	☐
$F = 2 \cdot B - A$	☐
$E = B + C - A$	☐
$D = A + C - B$	☐

AG 3.3 **K.8** Gegeben sind die Punkte $A = (-4\,|\,3)$ und $B = (6\,|\,-2)$. Ermittle durch Rechnung, in welchen Fällen das Viereck ABCD ein Parallelogramm ist. Kreuze an!

$C = (7\,|\,2)$, $D = (-3\,|\,7)$	☐
$C = (10\,|\,1)$, $D = (0\,|\,6)$	☐
$C = (5\,|\,4)$, $D = (-5\,|\,9)$	☐
$C = (8\,|\,-2)$, $D = (-2\,|\,4)$	☐
$C = (4\,|\,3)$, $D = (-6\,|\,8)$	☐

AG 3.3 **K.9** Von einem Parallelogramm ABCD kennt man die Eckpunkte $A = (-7\,|\,-5)$ und $B = (4\,|\,-2)$ sowie den Diagonalenschnittpunkt $M = (-3\,|\,1)$.

Berechne C und D!

C = _____   D = _____

AG 3.3 **K.10** Ein Parallelogramm ABCD wird von den Vektoren $\vec{a} = \overrightarrow{AB}$ und $\vec{b} = \overrightarrow{AD}$ aufgespannt. Der Punkt E teilt die Diagonale AC im Verhältnis 1:4 und der Punkt F teilt die Diagonale BD im Verhältnis 3:2.

Drücke den Vektor $\overrightarrow{EF}$ durch $\vec{a}$ und $\vec{b}$ aus!

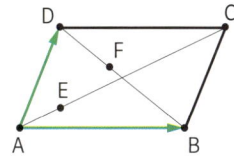

$\overrightarrow{EF} = $ _____

AG 3.3 **K.11** Kreuze jeweils alle richtigen Aussagen an!

a) Verlängert man die Strecke AB um das Dreifache ihrer Länge über A hinaus, so erhält man C.

$C = A + 3 \cdot \overrightarrow{AB}$	☐
$C = B - 4 \cdot \overrightarrow{BA}$	☐
$C = A - 3 \cdot \overrightarrow{AB}$	☐
$C = B + 4 \cdot \overrightarrow{BA}$	☐
$C = B + 3 \cdot \overrightarrow{BA}$	☐

b) Der Punkt C liegt auf der Strecke AB und teilt die Strecke im Verhältnis 2:5.

$C = A + \frac{2}{7} \cdot \overrightarrow{AB}$	☐
$C = A + \frac{2}{5} \cdot \overrightarrow{AB}$	☐
$C = B + \frac{5}{7} \cdot \overrightarrow{BA}$	☐
$C = \frac{1}{7}(5A + 2B)$	☐
$C = \frac{1}{7}(2A + 5B)$	☐

AG 3.3 **K.12** Gegeben sind die Vektoren $\vec{a} = (-2\,|\,6)$, $\vec{b} = (4\,|\,12)$, $\vec{c} = (6\,|\,-2)$, $\vec{d} = (1\,|\,3)$, $\vec{e} = (-3\,|\,-1)$ und $\vec{f} = (3\,|\,-9)$. Kreuze jeweils alle richtigen Aussagen an!

a)

$\vec{a} \parallel \vec{d}$	☐
$\vec{b} \perp \vec{c}$	☐
$\vec{f} \perp \vec{e}$	☐
$\vec{a} \perp \vec{c}$	☐
$\vec{b} \parallel \vec{d}$	☐

b)

$\vec{a} \parallel \vec{f}$	☐
$\vec{c} \perp \vec{d}$	☐
$\vec{a} \perp \vec{e}$	☐
$\vec{d} \parallel \vec{e}$	☐
$\vec{c} \parallel \vec{a}$	☐

AG 3.3 **K.13** Gegeben sind die Vektoren $\vec{a} = (-6\,|\,10)$ und $\vec{b} = (15\,|\,b_2)$. Ermittle die fehlende Koordinate b_2 so, dass

a) $\vec{a}$ und $\vec{b}$ zueinander parallel sind,   b) $\vec{a}$ und $\vec{b}$ zueinander normal sind:

$b_2 =$ _____ $b_2 =$ _____

AG 3.5 **K.14** Gegeben sind die Punkte $P = (-2\,|\,4)$ und $Q = (-7\,|\,1)$. Gib einen Normalvektor $\vec{n}$ des Vektors $\overrightarrow{PQ}$ an!

$\vec{n} =$ _____

AG 3.3 **K.15** Gegeben sind die Punkte $A = (0\,|\,1)$, $B = (10\,|\,5)$, $C = (15\,|\,7)$, $D = (4\,|\,9)$ und $E = (13\,|\,3)$.

Überprüfe durch Rechnung, welche drei Punkte auf einer Geraden liegen!

A, B, C	☐
A, C, D	☐
A, D, E	☐
B, C, E	☐
B, D, E	☐

AG 3.3 **K.16** Welche beiden Aussagen sind für das abgebildete Rechteck PQRS zutreffend?

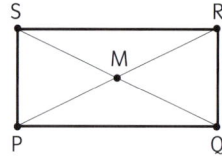

$\overrightarrow{PQ} + \overrightarrow{QR} = \overrightarrow{RP}$	☐
$\overrightarrow{RQ} \parallel \overrightarrow{PS}$	☐
$\overrightarrow{PR} \cdot \overrightarrow{QS} = 0$	☐
$|\overrightarrow{PS}|^2 + |\overrightarrow{SQ}|^2 = |\overrightarrow{PQ}|^2$	☐
$|\overrightarrow{PM}| = |\overrightarrow{QM}|$	☐

AG 3.3 **K.17** Welche beiden Aussagen sind für den abgebildeten Rhombus PQRS zutreffend?

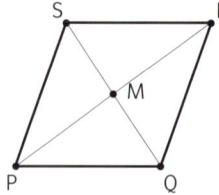

$|\overrightarrow{PM}| = |\overrightarrow{QM}|$	☐
$R = \overrightarrow{PQ} + \overrightarrow{QR}$	☐
$|\overrightarrow{PQ}| = |\overrightarrow{QR}|$	☐
$\overrightarrow{PR} \cdot \overrightarrow{QS} = 0$	☐
$S = R - \overrightarrow{QP}$	☐

AG 3.3 **K.18** Welche beiden Aussagen sind für das abgebildete gleichschenkelige Trapez PQRS zutreffend?

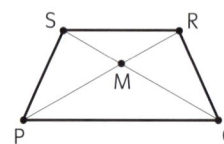

$Q = M + \overrightarrow{SM}$	☐
$\overrightarrow{PQ} \parallel \overrightarrow{RS} \;\wedge\; \overrightarrow{PS} = \overrightarrow{RQ}$	☐
$|\overrightarrow{PR}| = |\overrightarrow{QS}|$	☐
$|\overrightarrow{PS}| = |\overrightarrow{QR}|$	☐
$\overrightarrow{PR} \cdot \overrightarrow{QS} = 0$	☐

AG 3.3 **K.19**
a) Gegeben sind A = (−3|1) und B = (2|−4). Wähle C so, dass das Dreieck ABC gleichschenkelig mit der Basis AC ist!

C = (8|7)	☐
C = (4|2)	☐
C = (2|6)	☐
C = (3|3)	☐
C = (5|4)	☐
C = (−2|8)	☐

b) Gegeben sind A = (−3|−2) und B = (7|2). Wähle C so, dass das Dreieck ABC rechtwinkelig mit rechtem Winkel bei C ist!

C = (0|6)	☐
C = (1|5)	☐
C = (2|4)	☐
C = (3|6)	☐
C = (4|5)	☐
C = (5|4)	☐

AG 3.5 **K.20** Von einem Viereck ABCD kennt man die gegenüberliegenden Eckpunkte A = (−3|−3) und C = (9|5). Ermittle durch Rechnung die Eckpunkte B und D so, dass das Viereck ein Quadrat ist!

B = _____   D = _____

AG 3.3 **K.21** Zeige rechnerisch, dass das Viereck ABCD mit A = (−5|0), B = (2|−1), C = (7|4) und D = (6|11) ein Trapez ist!

_____

AG 3.3 **K.22** Zeige rechnerisch, dass das Viereck ABCD mit A = (−1|1), B = (2|10), C = (7|5) und D = (8|−2) ein Deltoid ist!

_____

AG 3.3 **K.23** Gegeben sind die Punkte A = (1|−1), B = (9|−2) und D = (x|3).

a) Gib den vierten Eckpunkt C des von A, B und D aufgespannten Parallelogramms ABCD in Abhängigkeit von x an!

C = _____

b) Für welches x > 0 ist das Parallelogramm ABCD ein Rechteck?

x = _____

c) Für welches x > 0 ist das Parallelogramm ABCD ein Rhombus?

x = _____

AG 3.3 **K.24** Welche dieser Aussagen sind genau dann richtig, wenn das Viereck ABCD ein Parallelogramm ist?

$|\overrightarrow{AB}| = |\overrightarrow{CD}| \ \wedge \ |\overrightarrow{AD}| = |\overrightarrow{BC}|$	☐
$\overrightarrow{AB} = \overrightarrow{CD} \ \wedge \ \overrightarrow{AD} = \overrightarrow{BC}$	☐
$\overrightarrow{AB} \parallel \overrightarrow{CD} \ \wedge \ \overrightarrow{AD} \parallel \overrightarrow{BC}$	☐
$\overrightarrow{AB} \parallel \overrightarrow{CD} \ \wedge \ |\overrightarrow{AD}| = |\overrightarrow{BC}|$	☐
A + C = B + D	☐

AG 3.3 **K.25** Ergänze durch Ankreuzen den folgenden Text so, dass eine korrekte Aussage entsteht!

Ein Viereck ABCD ist genau dann ein _____① _____, wenn _____② _____.

①		②	
Quadrat	☐	$|\overrightarrow{AC}| = |\overrightarrow{BD}| \ \wedge \ \overrightarrow{AC} \perp \overrightarrow{BD}$	☐
Rhombus	☐	$|\overrightarrow{AB}| = |\overrightarrow{CD}| \ \wedge \ |\overrightarrow{AD}| = |\overrightarrow{BC}|$	☐
Rechteck	☐	$\overrightarrow{AB} = \overrightarrow{DC} \ \wedge \ \overrightarrow{AC} \perp \overrightarrow{BD}$	☐

L Geraden in $\mathbb{R}^2$

■ AG 3.4 **Geraden** durch (**Parameter-**)**Gleichungen** in $\mathbb{R}^2$ und $\mathbb{R}^3$ angeben können; **Geradengleichungen** interpretieren können; **Lagebeziehungen** (zwischen Geraden und zwischen Punkt und Gerade) analysieren, **Schnittpunkte** ermitteln können.

Grundwissen in Kurzform

Parameterdarstellung einer Geraden in $\mathbb{R}^2$

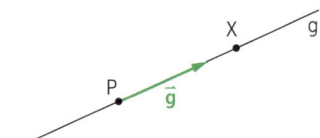

$$g: X = P + t \cdot \vec{g} \qquad \text{bzw.} \qquad g: \begin{pmatrix} x \\ y \end{pmatrix} = \begin{pmatrix} p_1 \\ p_2 \end{pmatrix} + t \cdot \begin{pmatrix} g_1 \\ g_2 \end{pmatrix}$$

$X = (x\,|\,y)$ .... laufender Punkt
$P = (p_1\,|\,p_2)$ .... fester Punkt
$\vec{g} = (g_1\,|\,g_2)$ .... Richtungsvektor
t .... Parameter

Merke: ■ Jedem Parameterwert $t \in \mathbb{R}$ entspricht genau ein Punkt X auf der Geraden g und umgekehrt.
■ $Q \in g \Leftrightarrow Q = P + t \cdot \vec{g}$ für ein $t \in \mathbb{R}$

Normalvektordarstellung (Gleichung) einer Geraden in $\mathbb{R}^2$

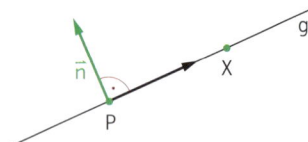

$$g: \vec{n} \cdot X = \vec{n} \cdot P \qquad \text{bzw.} \qquad g: \begin{pmatrix} n_1 \\ n_2 \end{pmatrix} \cdot \begin{pmatrix} x \\ y \end{pmatrix} = \begin{pmatrix} n_1 \\ n_2 \end{pmatrix} \cdot \begin{pmatrix} p_1 \\ p_2 \end{pmatrix} \qquad \text{bzw.} \qquad g: n_1 \cdot x + n_2 \cdot y = n_0$$
$$\text{mit } n_0 = n_1 \cdot p_1 + n_2 \cdot p_2$$

$X = (x\,|\,y)$ .... laufender Punkt
$P = (p_1\,|\,p_2)$ .... fester Punkt
$\vec{n} = (n_1\,|\,n_2)$ .... Normalvektor

Merke: $(x\,|\,y) \in g \Leftrightarrow n_1 \cdot x + n_2 \cdot y = n_0$

Gegenseitige Lage zweier Geraden in Parameterdarstellung

g: $X = P + s \cdot \vec{g}$ h: $X = Q + t \cdot \vec{h}$

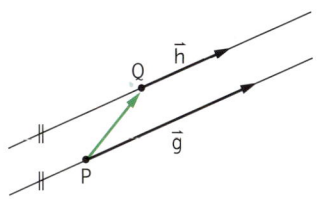

$\vec{g} \nparallel \vec{h}$ $\vec{g} \parallel \vec{h}$

g und h schneiden einander   g und h parallel

$\overrightarrow{PQ} \parallel \vec{g}$ bzw. $P \in h$ $\overrightarrow{PQ} \nparallel \vec{g}$ bzw. $P \notin h$

g und h ident   g und h parallel und verschieden

Gegenseitige Lage zweier Geraden in Normalvektordarstellung

g: $a \cdot x + b \cdot y = c$
h: $d \cdot x + e \cdot y = f$

Für ein $r \in \mathbb{R}^*$:
$a \cdot r = d \land b \cdot r \neq e$

Für ein $r \in \mathbb{R}^*$:
$a \cdot r = d \land b \cdot r = e$

g und h schneiden einander   g und h parallel

$c \cdot r = f$ $c \cdot r \neq f$

g und h ident   g und h parallel und verschieden

Parameterdarstellungen und Gleichungen von Geraden in besonderen Lagen

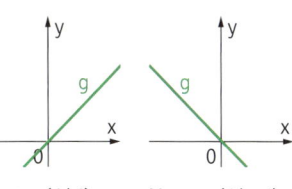

x-Achse:	Parallele zur x-Achse:	y-Achse	Parallele zur y-Achse:	1. Mediane	2. Mediane
$X = t \cdot (1\|0)$	$X = (0\|c) + t \cdot (1\|0)$	$X = t \cdot (0\|1)$	$X = (c\|0) + t \cdot (0\|1)$	$X = t \cdot (1\|1)$	$X = t \cdot (1\|-1)$
$y = 0$	$y = c$	$x = 0$	$x = c$	$y = x$	$y = -x$

Üben für die Reifeprüfung

AG 3.4   **L.1** Zeichne in das Koordinatensystem die Gerade
g: $X = (4\|2) + t \cdot (-2\|1)$ ein und trage auf dieser
die Punkte U, V, W mit den Parameterwerten
$t = 2$, $t = 3$ bzw. $t = -1$ auf!

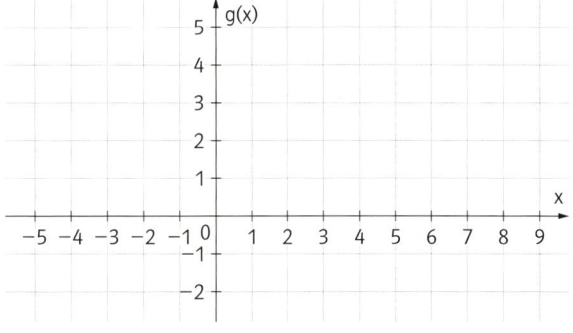

AG 3.4   **L.2**   Gegeben ist die Gerade g: $X = P + t \cdot \overrightarrow{PQ}$. Ordne jedem Punkt der linken Tabelle den zugehörigen Parameterwert der rechten Tabelle zu!

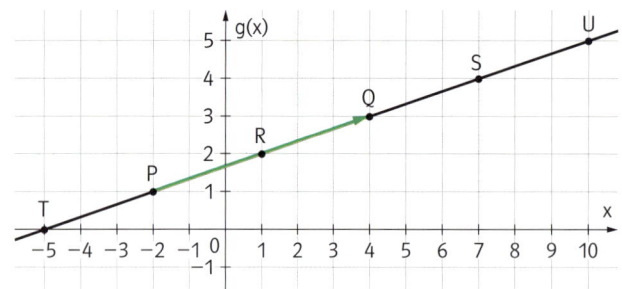

R	
S	
T	
U	

A	$t = 2$
B	$t = -1$
C	$t = 1{,}5$
D	$t = -1{,}5$
E	$t = 0{,}5$
F	$t = -0{,}5$

AG 3.4   **L.3**   Gib zwei verschiedene Parameterdarstellungen der Geraden g an, die durch die Punkte $A = (-3\,|\,{-2})$ und $B = (2\,|\,{-7})$ verläuft!

AG 3.4   **L.4**   Gegeben sind die Punkte $A = (-3\,|\,5)$ und $B = (9\,|\,{-1})$.
Entscheide durch Rechnung, ob der Punkt $P = (5\,|\,3)$ auf der Strecke AB liegt oder nicht!

AG 3.4   **L.5**   Die Punkte $A = (12\,|\,a_2)$ und $B = (b_1\,|\,6)$ liegen auf der Geraden g: $X = (-6\,|\,2) + t \cdot (3\,|\,{-2})$.
Berechne die unbekannten Koordinaten der Punkte A und B!

AG 3.4   **L.6**   Im Koordinatensystem sind vier Geraden g_1, g_2, g_3, g_4 dargestellt. Ordne jeder der vier Geraden in der ersten Tabelle eine passende Parameterdarstellung aus der zweiten Tabelle zu!

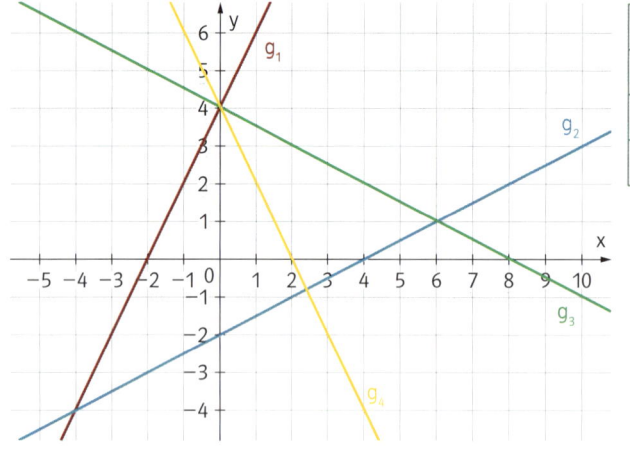

g_1	
g_2	
g_3	
g_4	

A	$X = (0\,|\,4) + t \cdot (-2\,|\,{-1})$
B	$X = (6\,|\,1) + t \cdot (2\,|\,{-1})$
C	$X = (-4\,|\,{-4}) + t \cdot (-1\,|\,2)$
D	$X = (6\,|\,1) + t \cdot (2\,|\,1)$
E	$X = (-4\,|\,{-4}) + t \cdot (-1\,|\,{-2})$
F	$X = (0\,|\,4) + t \cdot (1\,|\,{-2})$

AG 3.4   **L.7**   Gegeben sind die Gerade g: $X = (-4\,|\,6) + t \cdot (5\,|\,{-2})$ und der Punkt $P = (1\,|\,8)$.
Gib eine Parameterdarstellung jener Geraden h an, die durch den Punkt P geht und
a) zu g parallel ist,   **b)** auf g normal steht!

h: _____   h: _____

AG 3.4   **L.8**   Gib eine Normalvektordarstellung der Geraden g durch die Punkte A = (2|5) und B = (4|−3) an!

_____

AG 3.4   **L.9**   Gib eine Parameterdarstellung der Geraden g: 3x − 5y = 10 an!

_____

AG 3.4   **L.10**   Im Koordinatensystem sind vier Geraden g_1, g_2, g_3, g_4 dargestellt. Ordne jeder der vier Geraden in der linken Tabelle eine passende Gleichung aus der rechten Tabelle zu!

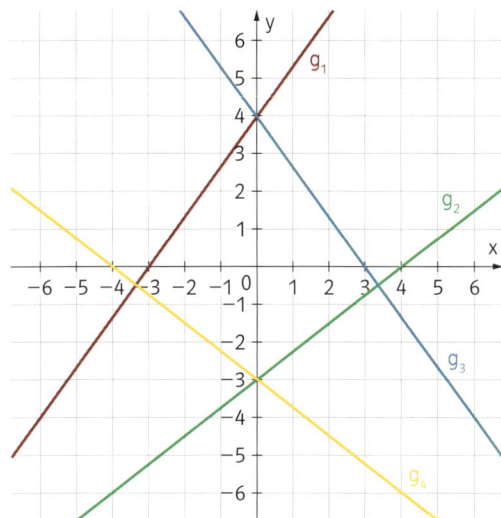

g_1	
g_2	
g_3	
g_4	

A	3x + 4y = −12
B	4x − 3y = 12
C	4x + 3y = 12
D	4x − 3y = −12
E	3x + 4y = 12
F	3x − 4y = 12

AG 3.4   **L.11**   Gegeben sind die Gerade g: 2x + 5 y = 6 und der Punkt P = (7|8).
Gib eine Parameterdarstellung der Geraden h an, die normal zu g ist und durch P geht!

_____

AG 3.4   **L.12**   **a)** Welche dieser Darstellungen beschreiben die y-Achse?

X = (0|0) + t · (1|0)	☐
X = (0|5) + t · (0|−2)	☐
X = t · (0|3)	☐
x = 0	☐
y = 0	☐

b) Welche dieser Darstellungen beschreiben die Parallele zur x-Achse durch den Punkt P = (1|2) ?

X = (0|2) + t · (1|0)	☐
X = (1|2) + t · (0|2)	☐
X = (1|0) + t · (1|1)	☐
x = 1	☐
y = 2	☐

AG 3.4   **L.13**   **a)** Welche dieser Darstellungen beschreiben die Streckensymmetrale von A = (2|3) und B = (8|−1) ?

X = (5|1) + t · (6|−4)	☐
X = (5|1) + t · (2|3)	☐
2x + 3y = 13	☐
2x − 3y = 7	☐
3x − 2y = 13	☐

b) Welche dieser Darstellungen beschreiben die Parallele zur Geraden 5x + 2y = 6 durch den Punkt P = (−1|3) ?

X = (−1|3) + t · (2|5)	☐
X = (−1|3) + t · (5|2)	☐
X = (1|−2) + t · (−2|5)	☐
5x + 2y = 1	☐
2x − 5y = −17	☐

AG 3.4 **L.14** Berechne den Schnittpunkt S der gegebenen Geraden g und h!

    a) g: X = (9|2) + t · (5|2)   **b)** g: 4x − 3y = 18

       h: X = (4|−9) + u · (2|−1)   h: X = (7|−8) + t · (2|−3)

       S = _____   S = _____

AG 3.4 **L.15** Welche dieser Geraden schneiden die Gerade
g: X = (8|−2) + t · (3|−2) im Punkt P = (2|2)?

3x − 2y = 8	☐
X = (8|6) + t · (−3|−2)	☐
2x + 3y = 10	☐
X = (10|6) + t · (2|1)	☐
5x − y = 8	☐

AG 3.4 **L.16** Gegeben ist die Gerade g: X = (4|5) + t · (−6|5). Gib eine Normalvektordarstellung jener Geraden h an, die durch den Punkt P = (−4|6) geht und

    a) zu g parallel ist,   **b)** auf g normal steht!

       h: _____   h: _____

AG 3.4 **L.17** In welchen Punkten schneiden die Geraden g_1, g_2, g_3 und g_4 die beiden Koordinatenachsen?
Ordne jeder der vier Geraden in der linken Tabelle ihre Schnittpunkte mit den Koordinatenachsen aus der rechten Tabelle zu!

g_1: X = (6|−4) + t · (−3|1)	
g_2: X = (9|4) + t · (3|2)	
g_3: X = (−4|5) + t · (−2|1)	
g_4: X = (−4|−4) + t · (1|2)	

A	$S_1 = (3|0)$, $S_2 = (0|−2)$
B	$S_1 = (−3|0)$, $S_2 = (0|2)$
C	$S_1 = (6|0)$, $S_2 = (0|3)$
D	$S_1 = (−2|0)$, $S_2 = (0|4)$
E	$S_1 = (−6|0)$, $S_2 = (0|−2)$

AG 3.4 **L.18** Gegeben sind die Geraden g: X = (−1|2) + t · (2|−1) und h: x + ay = b mit a, b ∈ ℝ.
Ergänze durch Ankreuzen den folgenden Text so, dass eine korrekte Aussage entsteht!

Falls _____ ① _____ ist, dann sind die Geraden g und h _____ ② _____ .

①	
a = −2 ∧ b = 3	☐
a = 2 ∧ b = −3	☐
a = −2 ∧ b = −3	☐

②	
parallel und verschieden	☐
normal zueinander	☐
ident	☐

AG 3.4 **L.19** Gegeben sind die Geraden g: X = (4|5) + s · (2|3) und h: X = (0|a) + t · (b|c) mit a, b, c ∈ ℝ.
Ergänze durch Ankreuzen den folgenden Text so, dass eine korrekte Aussage entsteht!

Falls _____ ① _____ ist, dann sind die Geraden g und h _____ ② _____ .

①	
a = −1 ∧ c = 1,5b	☐
a = 2 ∧ b = 1,5c	☐
a = −2 ∧ c = −1,5b	☐

②	
parallel und verschieden	☐
normal zueinander	☐
ident	☐

AG 3.4 **L.20** Ordne jedem Gleichungssystem, ohne es zu lösen, den dazugehörigen Lösungsfall aus der rechten Tabelle zu!

$$\begin{cases} 2x + 5y = 6 \\ 16x + 40y = 42 \end{cases}$$

$$\begin{cases} 3x - 7y = 5 \\ -21x + 49y = -35 \end{cases}$$

$$\begin{cases} 4x - 8y = 8 \\ 3x + y = 13 \end{cases}$$

A	unendlich viele Lösungen
B	keine Lösung
C	genau eine Lösung

AG 3.4 **L.21** Ordne jeder Gleichung der linken Tabelle eine Gleichung der rechten Tabelle so zu, dass das entstehende lineare Gleichungssystem unendlich viele Lösungen hat!

$4x - 12y = 16$
$-3x + 9y = 12$
$6x + 18y = 24$
$-8x - 24y = 32$

A	$4x + 12y = -16$
B	$-3x - 9y = -12$
C	$6x - 18y = 24$
D	$8x + 24y = 12$
E	$x - 3y = 8$
F	$2x - 6y = -8$

AG 3.4 **L.22** Gegeben ist das lineare Gleichungssystem $\begin{cases} 3x + 2y = 7 \\ x + ay = b \end{cases}$.

Für welche a, b ∈ $\mathbb{R}$ hat dieses Gleichungssystem unendlich viele Lösungen, keine Lösung bzw. genau eine Lösung?

a) unendlich viele Lösungen für _____

b) keine Lösung für _____

c) genau eine Lösung für _____

AG 3.4 **L.23** Gegeben ist das lineare Gleichungssystem $\begin{cases} 4x - ay = 12 \\ 2x + 3y = b \end{cases}$.

a) Für welche a, b ∈ $\mathbb{R}$ hat dieses Gleichungssystem die Lösungsmenge {(2 | 1)}?

a = _____, b = _____

b) Für welche a, b ∈ $\mathbb{R}$ hat dieses Gleichungssystem unendlich viele Lösungen?

a = _____, b = _____

AG 3.4 **L.24** Entscheide, ohne die einzelnen Gleichungssysteme zu lösen!

a) Welche der folgenden Gleichungssysteme haben genau eine Lösung?

$\begin{cases} 2x - 3y = 15 \\ -3x + 2y = 10 \end{cases}$	☐
$\begin{cases} 12x + 16y = 8 \\ 9x + 12y = 6 \end{cases}$	☐
$\begin{cases} 12x - 9y = 15 \\ 8x - 6y = 12 \end{cases}$	☐
$\begin{cases} 3x + 4y = 15 \\ -6x + 8y = 30 \end{cases}$	☐
$\begin{cases} x + 2y = 5 \\ 2y = 5 \end{cases}$	☐

b) Welche der folgenden Gleichungssysteme haben keine Lösungen?

$\begin{cases} \frac{2}{3}x - \frac{3}{2}y = 6 \\ \frac{1}{3}x - \frac{3}{4}y = 3 \end{cases}$	☐
$\begin{cases} \frac{1}{6}x + \frac{1}{4}y = 3 \\ \frac{1}{4}x + \frac{3}{8}y = 2 \end{cases}$	☐
$\begin{cases} \frac{1}{8}x - \frac{1}{4}y = 2 \\ -\frac{1}{4}x + \frac{1}{2}y = 4 \end{cases}$	☐
$\begin{cases} \frac{1}{4}x + \frac{1}{12}y = 4 \\ \frac{1}{3}x + \frac{1}{9}y = 6 \end{cases}$	☐
$\begin{cases} \frac{1}{2}x - \frac{1}{3}y = 6 \\ \frac{3}{4}x - \frac{1}{2}y = 9 \end{cases}$	☐

Lösungen

A Lineare Gleichungen, Terme und Formeln, Prozentrechnung

A.1

$21 - 4x = 6x + 6$	E
$3x - 15 = 5x - 10$	A
$2x + 5 = 7x + 10$	C
$4x - 9 = 11 - 4x$	F

A.2 Richtig:

$$\frac{1}{\frac{1}{1-a}} = 1 - a$$

$$\frac{\frac{1}{a}}{a-1} = \frac{1}{a \cdot (a-1)}$$

A.3

$v = u^2$	☒
$u + v = u(u + 1)$	☒
$u + v = v(v + 1)$	☐
$\frac{v - u^2}{u} = 0$	☒
$\frac{u^2 - v}{v} = 0$	☒

A.4

$b = \frac{ae - cf - df}{e}$	☐
$c = \frac{df + ae - be}{f}$	☒
$d = \frac{cf - ae + be}{f}$	☒
$e = \frac{c - d}{a - b} \cdot f$	☒
$f = \frac{b - a}{c - d} \cdot e$	☐

A.5 Für $\underline{a = b = c = 1}$ hat die Gleichung $a \cdot x + b = c$ $\underline{\text{nur die Lösung } x = 0.}$

A.6 a) $A = \frac{d + f}{2} \cdot h$ b) $d = \frac{2A}{h} - f$

A.7 1. Paket: F,   2. Paket: B,   3. Paket: A,   4. Paket C

A.8

$Q = 50\,P$	☐
$Q + 50 = P$	☐
$Q = P + 50$	☒
$\frac{Q}{P} = \frac{1}{50}$	☐
$\frac{Q - P}{50} = 1$	☒

A.9

$(a - b) \cdot (e - d)$	E
$(e - f) \cdot b$	F
$a \cdot d - b \cdot d + b \cdot f$	A
$(a - b) \cdot e$	D

A.10 a) $u_A = 2 \cdot (a + d - b)$

   b) $u_W = 2 \cdot (b + e - c - f)$

A.11 Richtig: 2. und 5. Formel

A.12 $1\,000\,€$

A.13

$45 \cdot x + 55 \cdot y$	☐
$(0{,}45 + 0{,}55) \cdot (x + y)$	☐
$0{,}45 \cdot x + 0{,}55 \cdot y$	☒
$100 \cdot (0{,}45 \cdot x + 0{,}55 \cdot y)$	☐
$\frac{45 \cdot x + 55 \cdot y}{100}$	☒

A.14 $1\,750\,€$

A.16 27%

A.18 $x = 875$

A.15 um $3{,}75\%$ billiger

A.17 um $6\,620\,\text{cm}^3$

B Zahlen

B.1

Die Zahl $\sqrt{400}$ ist eine natürliche Zahl.	☒
Die Zahl 5 ist eine rationale Zahl.	☒
Die Zahl $\frac{5}{2}$ ist eine ganze Zahl.	☐
Die Zahl $0{,}0\dot{4}$ ist eine irrationale Zahl.	☐
Die Zahl 0 ist eine reelle Zahl.	☒

B.2 Richtig: 2., 4. und 5. Aussage

B.3 a)

$-\frac{15}{3}$	B
$\frac{10}{2}$	A
$\frac{\sqrt{2}}{2}$	D

b)

$1{,}53 \cdot \pi$	D
0	A
$\frac{1}{2} \cdot \sqrt{9}$	C

B.4

Die Menge der positiven ganzen Zahlen ist eine Teilmenge der Menge der natürlichen Zahlen.	☒
Die Menge der negativen rationalen Zahlen ist keine Teilmenge der Menge der reellen Zahlen.	☐
Die Menge der irrationalen Zahlen ist keine Teilmenge der Menge der positiven reellen Zahlen.	☒
Die Menge der negativen ganzen Zahlen ist eine Teilmenge der Menge der rationalen Zahlen.	☒
Die Menge der natürlichen Zahlen ist eine Teilmenge der Menge der rationalen Zahlen.	☒

B.5

a)

5	☒
$4,8 \cdot 10^{-2}$	☒
$3 \cdot \pi$	☐
$10 \cdot \sqrt{10}$	☐
$\frac{15}{8}$	☒

b)

-1	☒
$1,5 \cdot 10^3$	☐
0	☐
$0,\overline{11}$	☒
$3 \cdot \sqrt{3}$	☐

c)

$\sqrt{144}$	☐
$0,12\overline{456}$	☐
$\sqrt{8}$	☒
$1 + \pi$	☒
$\sqrt[3]{9}$	☒

B.6

Jede natürliche Zahl kann als Bruch dargestellt werden.	☒
Jede reelle Zahl kann als Bruch dargestellt werden.	☐
Jede rationale Zahl kann als Dezimalzahl dargestellt werden.	☒
Jede Bruchzahl kann in eine Dezimalzahl umgewandelt werden.	☒
Jede Dezimalzahl kann in eine Bruchzahl umgewandelt werden.	☐

B.7
a) Zum Beispiel: $\frac{61}{50}, \frac{62}{50}, \frac{63}{50}, \frac{64}{50}, \frac{65}{50}$

b) Zum Beispiel: $\frac{\sqrt{2}}{2}, \frac{\sqrt{2}}{3}, \frac{\sqrt{3}}{4}, \frac{\pi}{4}, \frac{\pi}{6}$

B.8 Zum Beispiel: $\frac{1}{10}, \frac{1}{4}, \frac{1}{2}, \frac{3}{4}, \frac{7}{8}$

B.9 Zum Beispiel: $\frac{4}{3}, \frac{8}{7}, \frac{12}{11}, \frac{15}{13}, \frac{10}{6}$

B.10 Richtig: 2., 4. und 5. Aussage

B.11

a)

$\mathbb{R} \cup \mathbb{Z}$	C
$\mathbb{Z} \cap \mathbb{Q}^*$	E
$\mathbb{Z}^* \cup \mathbb{N}$	A
$\mathbb{Q}^* \cap \mathbb{R}$	D

b)

$\mathbb{Q} \cup \mathbb{Z}$	B
$\mathbb{Z}^+ \cup \mathbb{Z}^-$	E
$\mathbb{Q} \cap \mathbb{R}^*$	D
$\mathbb{Z} \cap \mathbb{Q}$	A

B.12

a)

$\mathbb{Q}^* \cup \mathbb{Q}^- = \mathbb{Q}$	☐
$\mathbb{Q} \cap \mathbb{N} = \mathbb{Z}^+$	☐
$\mathbb{R}^+ \cup \mathbb{R}^- = \mathbb{R}$	☐
$\mathbb{Z} \cap \mathbb{R} = \mathbb{Z}$	☒
$\mathbb{Q}^+ \cap \mathbb{Q}^- = \{\ \}$	☒

b)

$\mathbb{Z}^* \cap \mathbb{N} = \mathbb{Z}^+$	☒
$\mathbb{Q} \cup \mathbb{R} = \mathbb{Q}$	☐
$\mathbb{Q}^* \cap \mathbb{N} = \mathbb{N}$	☐
$\mathbb{Q}^* \cup \mathbb{N} = \mathbb{Q}$	☒
$\mathbb{N} \cap \mathbb{Z}^- = \{\ \}$	☒

c)

$\mathbb{R} \setminus \mathbb{R}^+ = \mathbb{R}^-$	☐
$\mathbb{Z} \setminus \mathbb{N} = \mathbb{Z}^-$	☒
$\mathbb{Q} \setminus \mathbb{Q}^* = \{0\}$	☒
$\mathbb{R} \setminus \mathbb{Z} = \mathbb{Q}$	☐
$\mathbb{Q}^* \setminus \mathbb{Q}^- = \mathbb{Q}^+$	☒

B.13

a)

$\mathbb{N}^*$	☒
$\mathbb{Z}^-$	☒
$\mathbb{Q}^*$	☐
$]0; 1[$	☐
$\mathbb{Q}^+$	☒

b)

$\mathbb{N}^*$	☒
$\mathbb{Z}^-$	☐
$\mathbb{Q}^*$	☒
$]0; 1[$	☒
$\mathbb{Q}^+$	☒

c)

$\mathbb{N}^*$	☐
$\mathbb{Z}^-$	☐
$\mathbb{Q}^*$	☒
$]0; 1[$	☐
$\mathbb{Q}^+$	☒

B.14

B.15

B.16

$\{x \in \mathbb{N} \mid x < 5\}$	E
$\{x \in \mathbb{Z} \mid 1 \leq x \leq 5\}$	F
$\{x \in \mathbb{R} \mid |x - 3| \leq 2\}$	C
$\{x \in \mathbb{R}^+ \mid -1 \leq x \leq 5\}$	B

B.17

$2\,\text{ha}$	C
$2\,\text{km}^2$	A
$2\,\text{dm}^2$	D
$2\,\text{cm}^2$	F

B.18

a)

$19 \cdot 10^6 > 19$ Millionen	☐
$1,8 \cdot 10^{12} > 18$ Billionen	☐
1 Million $> 10^5$	☒
21 Billionen $> 2,1 \cdot 10^{12}$	☒
$3,1 \cdot 10^6 > 3,1$ Milliarden	☐

b)

2 Millionstel $> 2 \cdot 10^{-7}$	☒
1 Billionstel $> 2 \cdot 10^{-11}$	☐
$3,1 \cdot 10^{-9} > 3,1$ Milliardstel	☐
$45 \cdot 10^{-5} > 4,5$ Millionstel	☒
300 Tausendstel $> 3 \cdot 10^{-3}$	☒

C Quadratische Gleichungen

C.1 nach 6 s

C.2 2000 m

C.3 90 km/h

C.4 Wenn q < 0 ist, dann hat die quadratische Gleichung <u>zwei reelle Lösungen</u>.

C.5
a) u > 0
b) v = ±6

C.6
a) a = 4
b) 0 < k < 1

C.7 a)

$x^2 - 9 = 0$	☐
$x^2 + 9x = 0$	☐
$16 + x^2 = 0$	☐
$x^2 - 25x = 0$	☒
$x^2 - 10x + 9 = 0$	☒

b)

$x^2 - 8x + 7 = 0$	☒
$x^2 + 6x - 8 = 0$	☐
$x^2 - 7x + 12 = 0$	☒
$x^2 - 9x + 10 = 0$	☐
$x^2 + 10x = 0$	☒

C.8

$L = \{\}$	A
$L = \{0; 3\}$	D
$L = \{-3; 3\}$	C
$L = \{3\}$	E

C.9 Richtig: $b^2 = 4ac$

C.10 Richtig: 2. und 4. Aussage

C.11 Richtig: $\dfrac{b \pm \sqrt{b^2 + 4ac}}{2c}$

$\dfrac{b}{2c} \pm \sqrt{\dfrac{b^2}{4c^2} + \dfrac{a}{c}}$

C.12

$x^2 + x - 2 = 0$	C
$x^2 - 3x + 2 = 0$	A
$x^2 + 8x + 16 = 0$	D
$x^2 - 1 = 0$	E

C.13 2., 3. und 4. Aussage

C.14 3. und 4. Aussage

C.15 3., 4. und 5. Aussage

C.16 3. und 5. Aussage

D Berechnungen in rechtwinkeligen Dreiecken

D.1

a ist Ankathete von β	☒
c ist Ankathete von α	☐
b ist Gegenkathete von β	☒
c ist Gegenkathete von α	☐
b ist Hypotenuse	☐

D.2

$\sin \varphi = 0{,}8$	☒
$\cos \varphi = 0{,}8$	☐
$\sin \psi = 0{,}6$	☒
$\cos \psi = 0{,}6$	☐
$\tan \varphi = 0{,}75$	☐

D.3

$p = r \cdot \cos \varepsilon$	☐
$q = r \cdot \sin \delta$	☒
$p = q \cdot \tan \delta$	☐
$\sin \delta = \cos \varepsilon$	☒
$\tan \delta \cdot \tan \varepsilon = 1$	☒

D.4

$b = 13{,}6$ cm	☒
$\cos \beta = \frac{15}{17}$	☒
$p = 21{,}5$ cm	☐
$\tan \alpha = \frac{8}{15}$	☐
$h = 12$ cm	☒

D.5

$a = c \cdot \sin \alpha$	☐
$h_a = c \cdot \cos \alpha$	☐
$h_a = a \cdot \sin \gamma$	☒
$c = a \cdot \cos \alpha$	☐
$h_c = a \cdot \sin \alpha$	☒

D.6

$h = a \cdot \sin \alpha$	☒
$h = e \cdot \sin \frac{\alpha}{2}$	☒
$e = f \cdot \cos \frac{\alpha}{2}$	☐
$f = e \cdot \tan \frac{\alpha}{2}$	☒
$e = 2 \cdot a \cdot \cos \frac{\alpha}{2}$	☒

D.7

$a = 2 \cdot h_a \cdot \cos \beta$	☒
$a = 2 \cdot h_a \cdot \tan \gamma$	☐
$h_a = s \cdot \sin \gamma$	☒
$h = s \cdot \sin \alpha$	☒
$h = \frac{a}{2} \cdot \cos \alpha$	☐

D.8

$c = 30$ cm, $h_c = 20$ cm	C
$a = b = 25$ cm, $h_c = 24$ cm	D
$a = b = 26$ cm, $c = 20$ cm	A

D.9 α ≈ 56,44°, γ ≈ 50,56°

D.10 α ≈ 40,61°, A ≈ 185,89 m²

D.11 e ≈ 14,55 cm, f ≈ 3,42 cm

D.12 $A = \frac{1}{2} \cdot (2c + d \cos \alpha) \cdot d \sin \alpha$

D.13 Aus $d = a \cdot \tan \beta_1$ und $d = (a - c) \cdot \tan \beta$ folgt, dass $a \cdot \tan \beta_1 = (a - c) \cdot \tan \beta$ ist.

Umformen dieser Gleichung ergibt $a = \dfrac{c \cdot \tan \beta}{\tan \beta - \tan \beta_1}$

D.14 $h = s \cdot \tan \varphi$

D.15 $\overline{PQ} \approx 125{,}94$ m

D.16 115,68 m

D.17 228 974 m

D.18 15 003 mm

D.19 16,94°

E   Berechnungen in beliebigen Dreiecken

E.1 a) 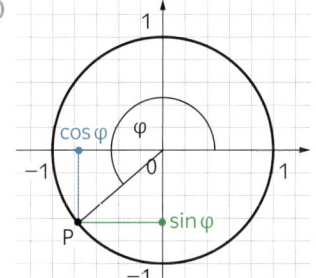   b)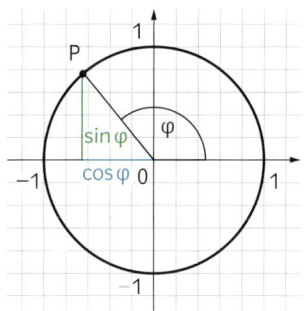

E.2 a)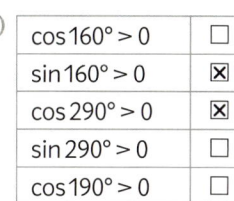

$\sin 180° = 0$	☒
$\cos 180° = 0$	☐
$\sin 270° = 0$	☐
$\cos 270° = 0$	☒
$\sin 360° = 0$	☒

b)

$\cos 160° > 0$	☐
$\sin 160° > 0$	☒
$\cos 290° > 0$	☒
$\sin 290° > 0$	☐
$\cos 190° > 0$	☐

E.3 a) 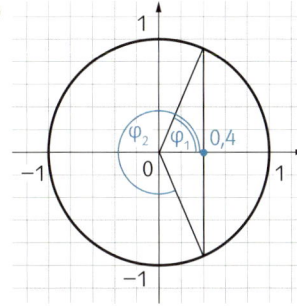   b)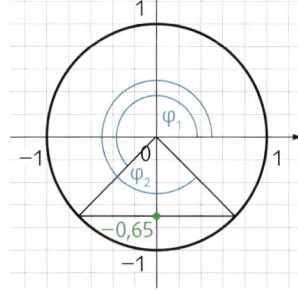

$\varphi_1 \approx 66{,}42°$, $\varphi_2 \approx 293{,}58°$ $\varphi_1 \approx 220{,}54°$, $\varphi_2 \approx 319{,}46°$

E.4 Die Gleichung $\sin(\varphi) = \frac{1}{2}$ hat die Lösungsmenge

$L = \{30°, 150°\}$ für $\varphi \in [0°; 360°[$.

E.5 a) $\varphi = 163{,}74°$, $\cos \varphi = -0{,}96$

b) $\varphi = 249{,}39°$, $\sin \varphi = -0{,}936$

E.6

$\sin \varphi = 0{,}5 \ \wedge \ \cos \varphi < 0$	D
$\sin \varphi > 0 \ \wedge \ \cos \varphi = 0{,}5$	B
$\sin \varphi = -0{,}5 \ \wedge \ \cos \varphi > 0$	F
$\sin \varphi > 0 \ \wedge \ \cos \varphi = -0{,}5$	C

E.7

Wenn $0° < \varphi < 90°$, dann ist $\sin(\varphi) > 0$.	☒
Wenn $90° < \varphi < 180°$, dann ist $\cos(\varphi) > 0$.	☐
Wenn $180° < \varphi < 270°$, dann ist $\sin(\varphi) > 0$.	☐
Wenn $270° < \varphi < 360°$, dann ist $\cos(\varphi) > 0$.	☒
Wenn $270° < \varphi < 360°$, dann ist $\sin(\varphi) > 0$.	☐

E.8 Richtig: 2., 3. und 4. Aussage

E.9 a)

$\sin(180° - \alpha) = \sin \alpha$	☒
$\cos(180° - \alpha) = \cos \alpha$	☐
$\sin(180° + \alpha) = \sin \alpha$	☐
$\cos(180° + \alpha) = \cos \alpha$	☐
$\cos(360° - \alpha) = \cos \alpha$	☒

b)

$\sin(90° - \alpha) = \cos \alpha$	☒
$\cos(90° - \alpha) = \sin \alpha$	☒
$\sin(90° + \alpha) = \cos \alpha$	☒
$\cos(90° + \alpha) = \sin \alpha$	☐
$\cos(270° + \alpha) = \sin \alpha$	☒

F   Reelle Funktionen

F.1 Richtig: F   **F.2** Richtig: C   **F.3** $d = -1$

F.4 $x = -1 \ \vee \ x = 0$ **F.5** a) An 4 Stellen.   b) $[-4; 4]$

F.6 Richtig: 3. und 4. Aussage   **F.7** Richtig: 1., 4. und 5. Aussage   **F.8** Richtig: 2. und 5. Aussage

F.9

Der Luftdruck nimmt mit zunehmender Höhe ab.	☒
Auf Meereshöhe ist der Luftdruck 0.	☐
Auf einer Seehöhe von 8 000 m ist der Luftdruck geringer als 400 hPa.	☒
Bei einem Luftdruck von 800 hPa befindet man sich auf einer Seehöhe von 4 000 m.	☐
Der Luftdruck beträgt auf jeder Seehöhe ca. 1 000 hPa.	☐

F.10

Der LKW fährt nicht schneller als 30 km/h.	☐
Der LKW bleibt in dem zu sehenden Ausschnitt nicht stehen.	☐
Der LKW erreicht eine Höchstgeschwindigkeit von ca. 50 km/h.	☒
Der LKW bleibt ungefähr eine halbe Minute stehen.	☒
Der LKW fährt nur zu einem Zeitpunkt 20 km/h.	☐

F.11

$f(1) > h(1)$	☒
$g(1) < h(1)$	☐
$f(1,5) > g(1,5)$	☐
$f(3) > h(3)$	☐
$f(2,5) < h(2,5)$	☒

F.12 Beispiele für mögliche Funktionsgraphen:

a)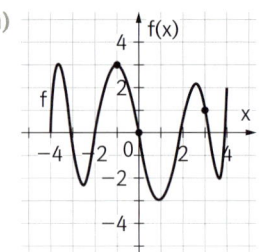

b)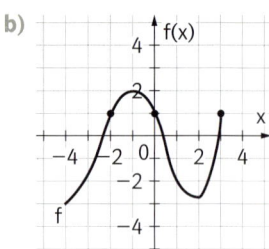

F.13 $f(x) = -\frac{c}{d}x + \frac{e}{d}$

G Lineare Funktionen

G.1 a)

$f_1(x) = 8 - \frac{x}{2}$	☒
$f_2(x) = \sqrt{x}$	☐
$f_3(x) = \frac{1}{x}$	☐
$f_4(x) = 0,006 \cdot x$	☒
$f_5(x) = 0$	☒

b)

$s_1(t) = t^2$	☐
$s_2(t) = t + 1$	☒
$s_3(t) = -t$	☒
$s_4(t) = -1$	☒
$s_5(t) = t^2 + t + 1$	☐

G.2

f_1	☒
f_2	☐
f_3	☒
f_4	☐
f_5	☐

G.3 Sicher nicht linear sind f_1 und f_4.

G.4 a) $f(2) = 3$ b) $k = -\frac{1}{3}$ c) $d = 0,1$

G.5 a) $f(x) = \frac{3}{2}x + 1$ b) $f(x) = -\frac{5}{9}x + \frac{7}{3}$

G.6 $f(x) = \frac{3}{4}x - 1$ $g(x) = -\frac{1}{4}x + 1$

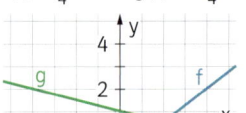

G.7 a) $k = -\frac{5}{2}, d = 5$

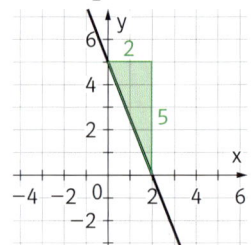

b) $k = 3, d = -2$

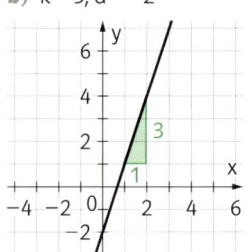

G.8 a)

x	f(x)
−1	3
0	1
3	−5
5	−9

$f(x) = -2x + 1$

b)

x	g(x)
0	−1
2	−3
6	−7
10	−11

$g(x) = -x - 1$

G.9

f_1	E
f_2	F
f_3	D
f_4	A

G.10

$P = (2\,\vert\,5), Q = (-3\,\vert\,-5)$	D
$P = (-2\,\vert\,4), Q = (2\,\vert\,-8)$	F
$P = (1\,\vert\,2), Q = (-2\,\vert\,8)$	C
$P = (1\,\vert\,3), Q = (3\,\vert\,1)$	B

G.11

Dem a-fachen Argument entspricht der a-fache Funktionswert.	☐
Die Änderung der Funktionswerte ist zur Änderung der Argumente direkt proportional.	☒
Ändert sich das Argument um 1, so ändert sich der Funktionswert um d.	☐
Ändert sich das Argument um a, so ändert sich der Funktionswert um k · a.	☒
Die Steigung k gibt das Verhältnis von Funktionswert zu Argument an.	☐

G.12 Wenn x um 3 erhöht wird, dann wird f(x) um $3 \cdot 5 = 15$ erhöht

G.13 a)

$f(x + 1) = f(x) + 3$	☐
$f(2x) = 2 \cdot f(x) + 3$	☐
$f(x + 3) = f(x) + 6$	☒
$f(2x) - f(x) = 2x$	☒
$f(x + 1) = f(x) + 2$	☒

b)

$f(x + 3) = f(x) + 6$	☒
$f(x + 1) = 2 \cdot f(x)$	☐
$f(3x) = 3 \cdot f(x)$	☒
$f(x + 1) = f(x) + 2$	☒
$f(2x + 1) = 2 \cdot f(x) + 1$	☐

G.14

P = (1 | 3), Q = (3 | 6)	☐
P = (6 | 8), Q = (10 | 12)	☐
P = (9 | 6), Q = (12 | 8)	☒
P = (−2 | 3), Q = (3 | −2)	☐
P = (2 | −6), Q = (3 | −9)	☒

G.15

h ↦ O; r konst.	☒
r ↦ V; h konst.	☐
M ↦ h; r konst.	☒
V ↦ h; r konst.	☒
r ↦ M; h konst.	☒

G.16

Umfang und Radius eines Kreises.	☒
Seitenlänge und Umfang eines Rhombus.	☒
Durchmesser und Flächeninhalt eines Kreises.	☐
Seitenlänge und Diagonale eines Quadrats.	☒
Volumen und Höhe einer Pyramide.	☒

G.17 s(0) = Entfernung vom Ausgangsort zum Zeitpunkt 0 in km,   v = Geschwindigkeit in km/h

G.18 Richtig: 1., 3., und 5. Aussage.

G.19 Wenn die Anzahl a der Urlaubstage größer als 7 ist, dann ist Angebot B besser.

H   Einige nichtlineare Funktionen

H.1

P = (2 | −6), Q = (−3 | 9)	☐
P = (4 | 6), Q = (3 | 8)	☒
P = (1 | −8), Q = (−4 | 2)	☒
P = (3 | −4), Q = (−6 | 8)	☐
P = (−2 | 3), Q = (3 | −2)	☒

H.2

Graph 1	B
Graph 2	E
Graph 3	D
Graph 4	A

H.3 $x \in [-2; 1] \cup [1; 2]$

H.4 Richtig: $S = \left(-\dfrac{b}{a} \middle| -\dfrac{a^2}{b}\right)$

H.5

f hat keine Nullstelle.	☒
Der Graph von f schneidet die zweite Achse genau im Punkt (0 | a).	☐
Der Graph der Funktion verläuft im dritten und vierten Quadranten.	☐
Der Graph der Funktion verläuft nur im ersten und dritten Quadranten.	☐
Der Graph von f verläuft immer durch den Punkt (1 | a).	☒

H.6 $c = -9$

H.7 $c = 2$
$a = 1$ und $c = -3$

H.8

Graph 1	F
Graph 2	B
Graph 3	C
Graph 4	E

H.9

$N_1 = \{0, 16\}$	B
$N_2 = \{-2, 2\}$	E
$N_3 = \{\ \}$	F
$N_4 = \{1\}$	C

H.10 In diesem Fall gilt: $b^2 - 4ac = 0$ und die Funktion f hat genau eine Nullstelle.

H.11 In diesem Fall gilt: $\dfrac{p^2}{4} - q > 0$ und die Funktion f hat zwei Nullstellen.

H.12 Richtig: 2., 3. und 5. Formel

H.13 Richtig: 3. und 4. Formel

H.14 Richtig: 3. und 5. Formel

H.15 Um den Faktor 4

H.16 Richtig: 3. und 4. Aussage

H.17 Richtig: 2., 4. und 5. Aussage

H.19]10; 50[

H.18

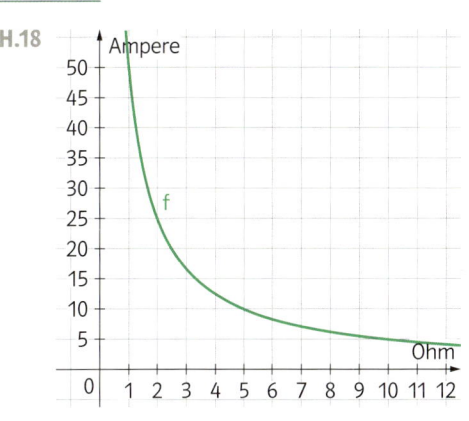

I Lineare Gleichungen und Gleichungssysteme in zwei Variablen

I.1

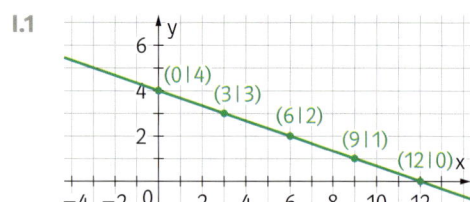

I.4

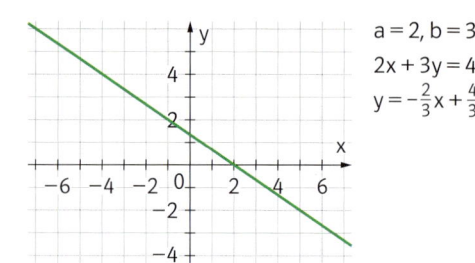

$a = 2, b = 3$

$2x + 3y = 4$

$y = -\frac{2}{3}x + \frac{4}{3}$

I.2

$(7\,\vert\,4)$	☒
$(2\,\vert\,-1)$	☐
$(5\,\vert\,3)$	☐
$(3\,\vert\,2)$	☐
$(-3\,\vert\,-2)$	☒

I.3

$-12x + 8y = 48$	☐
$y = \frac{3}{2}x - 6$	☒
$4y - 6x + 24 = 0$	☒
$x = \frac{2y + 12}{3}$	☒
$30y - 20x = 120$	☐

I.5

$a \neq 0, b \neq 0, c = 0$	☒
$a \neq 0, b = c = 0$	☒
$a = b = 0, c \neq 0$	☐
$a = 0, b \neq 0, c \neq 0$	☒
$a = b = c = 0$	☐

I.6 Beispiele für Lösungen sind: $(-6\,\vert\,17)$, $(-2\,\vert\,14)$, $(2\,\vert\,11)$, $(6\,\vert\,8)$, $(10\,\vert\,5)$, $(14\,\vert\,2)$, $(18\,\vert\,-1)$, …

I.7 Richtig: B, C, E, D

I.8 Gleichung: $4x + 6y = 82$ Mögliche Lösungen: $(1\,\vert\,13)$, $(4\,\vert\,11)$, $(7\,\vert\,9)$, $(10\,\vert\,7)$, $(13\,\vert\,5)$, $(16\,\vert\,3)$, $(19\,\vert\,1)$

I.9

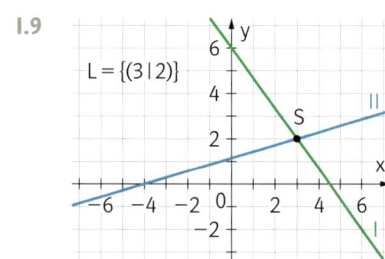

$L = \{(3\,\vert\,2)\}$

I.10 a) $L = \{(5\,\vert\,4)\}$

b) $L = \{(x\,\vert\,y) \in \mathbb{R} \mid y = \frac{3}{2}x - 3\}$

I.11 Zum Beispiel: a) $3x - 8y = 30$

b) $3x + 8y = 18$ c) $6x + 16y = -36$

I.12 a) Zum Beispiel: $a = 6, b = -5$

b) Zum Beispiel: $a = 2, b = -1$

I.13 a) $\begin{cases} 7x = 10y \\ x - y = 9 \end{cases}$ Die Durchmesser betragen 30 cm und 21 cm.

b) $\begin{cases} 2x + 3y = 100 \\ 3x + 5y = 158 \end{cases}$ Der Eintritt beträgt 26 € für einen Erwachsenen und 16 € für ein Kind.

J Vektoren

J.1 a)

$A - B = (-7\,\vert\,3)$	☐
$A + C = (-9\,\vert\,5)$	☒
$2A - 4B = (10\,\vert\,2)$	☐
$A - (B - C) = (-13\,\vert\,7)$	☒
$A + 2B - C = (-1\,\vert\,1)$	☐

b)

$A \cdot C = (18\,\vert\,0)$	☐
$B \cdot B = 12$	☐
$(A + B) \cdot C = -6$	☒
$(B + C)^2 = 8$	☒
$A \cdot A + C \cdot C = 70$	☒

J.2 a) $C = (-4\,\vert\,-13)$ b) $D = (14\,\vert\,17)$

J.3

$B = (1\,\vert\,3)$	☐
$B = (3\,\vert\,1)$	☐
$B = (-1\,\vert\,-3)$	☐
$B = (-3\,\vert\,1)$	☒
$B = (3\,\vert\,-1)$	☒

J.4 a)

$A + s \cdot B + C$	☐
$A \cdot B$	☒
$B - A$	☐
$(r \cdot s) \cdot A$	☐
$(s \cdot A) \cdot B$	☒

b)

$(r + s) \cdot A$	☐
$(A + B) \cdot C$	☒
$(A \cdot B) \cdot C$	☐
$A \cdot B - B \cdot A$	☒
$r \cdot A - r \cdot A$	☐

J.5 a)

$(A + B) \cdot C = A \cdot C + B \cdot C$	☒
$(A \cdot B) \cdot C = A \cdot (B \cdot C)$	☐
$(A + B) + C = A + (B + C)$	☒
$A \cdot (B - C) = A \cdot B - C \cdot A$	☒
$(A + B)^2 = A \cdot A + B \cdot B$	☐

b)

$s \cdot (A + B) = s \cdot A + s \cdot B$	☒
$(r + s) \cdot A = r \cdot s \cdot A$	☐
$(r \cdot A) \cdot B = A \cdot (r \cdot B)$	☒
$(A + B)^2 = (A \cdot B)^2$	☐
$(A + B) \cdot (A - B) = A^2 - B^2$	☒

J.6

$150 \cdot \binom{180}{360}$	☐
$1,05 \cdot \binom{180}{360}$	☒
$\binom{270}{540}$	☐
$\binom{189}{378}$	☒
$\binom{378}{189}$	☐

J.7   Der Ausdruck gibt das gesamte Monatseinkommen von Familie Meier an.

J.8   Der Ausdruck gibt den gesamten Umsatz der Firma im letzten Jahr an. Der Umsatz beläuft sich auf 75760 €.

J.9   Der Ausdruck gibt den Flächeninhalt der abgebildeten Figur an.

J.10   Der Ausdruck gibt die Gesamtproduktionszeit beider Maschinen an.

J.11   Es wurden 8 429 Regenschirme produziert.

K   Geometrische Darstellung von Vektoren und deren Rechenoperationen

K.1   Zum Beispiel:

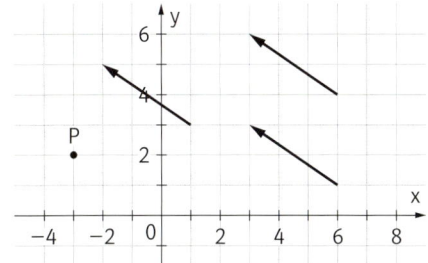

K.2

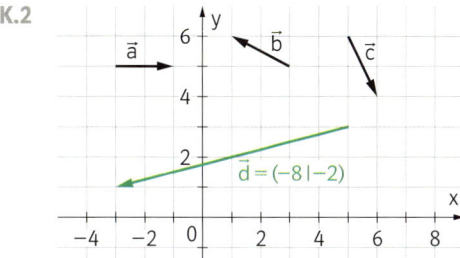

K.3

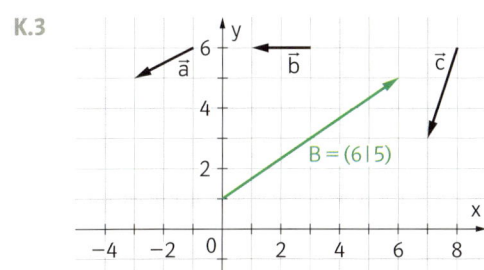

K.4   a) $\vec{c} = \frac{1}{2} \cdot \vec{a} - 3 \cdot \vec{b}$ b) $\vec{c} = -2\vec{a} + 2 \cdot \vec{b}$

K.5
1. Pfeildarstellung: B
2. Pfeildarstellung: D
3. Pfeildarstellung: E

K.6

$\vec{x} = \overrightarrow{BA} - \overrightarrow{BC}$	D
$\vec{x} = \overrightarrow{AB} - (\overrightarrow{CB} + \overrightarrow{AC})$	C
$\vec{x} = \overrightarrow{AD} + \overrightarrow{CB} - \overrightarrow{AB}$	B
$\vec{x} = \overrightarrow{BD} - (\overrightarrow{CD} - \overrightarrow{AB})$	A

K.7

$H = 2 \cdot C - B$	☒
$G = 2 \cdot C - A$	☒
$F = 2 \cdot B - A$	☐
$E = B + C - A$	☐
$D = A + C - B$	☒

K.8

$C = (7|2), D = (-3|7)$	☒
$C = (10|1), D = (0|6)$	☒
$C = (5|4), D = (-5|9)$	☒
$C = (8|-2), D = (-2|4)$	☐
$C = (4|3), D = (-6|8)$	☒

K.9 $C = (1|7), D = (-10|4)$

K.10 $\overrightarrow{EF} = \frac{1}{5} \cdot \vec{a} + \frac{2}{5} \cdot \vec{b}$

K.11   a) Richtig: $C = A - 3 \cdot \overrightarrow{AB}$ und $C = B + 4 \cdot \overrightarrow{BA}$

b) Richtig: $C = A + \frac{2}{7} \cdot \overrightarrow{AB}$, $C = B + \frac{5}{7} \cdot \overrightarrow{BA}$, $C = \frac{1}{7}(5A + 2B)$

K.12   a)

$\vec{a} \parallel \vec{d}$	☐
$\vec{b} \perp \vec{c}$	☒
$\vec{f} \perp \vec{e}$	☒
$\vec{a} \perp \vec{c}$	☐
$\vec{b} \parallel \vec{d}$	☒

b)

$\vec{a} \parallel \vec{f}$	☒
$\vec{c} \perp \vec{d}$	☒
$\vec{a} \perp \vec{e}$	☒
$\vec{d} \parallel \vec{e}$	☐
$\vec{c} \parallel \vec{a}$	☐

K.13   a) $b_2 = -25$

b) $b_2 = 9$

K.14 $\vec{n} = (3|-5)$

K.15

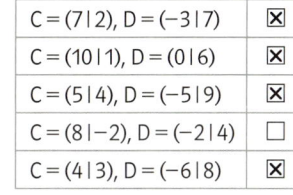

A, B, C	☒
A, C, D	☐
A, D, E	☐
B, C, E	☐
B, D, E	☒

K.16   Richtig: $\overrightarrow{RQ} \parallel \overrightarrow{PS}$, $|\overrightarrow{PM}| = |\overrightarrow{QM}|$

K.17   Richtig: $|\overrightarrow{PQ}| = |\overrightarrow{QR}|$, $\overrightarrow{PR} \cdot \overrightarrow{QS} = 0$

K.18   Richtig: $|\overrightarrow{PR}| = |\overrightarrow{QS}|$, $|\overrightarrow{PS}| = |\overrightarrow{QR}|$

K.19   a) $C = (3|3)$ b) $C = (4|5)$

K.20 $B = (7|-5), D = (-1|7)$

K.21 $\overrightarrow{BC} = (5|5)$, $\overrightarrow{AD} = (11|11) \Rightarrow \overrightarrow{BC} \parallel \overrightarrow{AD}$

K.22 $|\overrightarrow{AB}| = |\overrightarrow{AD}| = \sqrt{90} \land |\overrightarrow{BC}| = |\overrightarrow{CD}| = \sqrt{50}$

K.23   a) $C = (x + 8|2)$ b) $x = 1,5$ c) $x = 8$

K.24

$|\overrightarrow{AB}| = |\overrightarrow{CD}| \ \wedge \ |\overrightarrow{AD}| = |\overrightarrow{BC}|$	☒
$\overrightarrow{AB} = \overrightarrow{CD} \ \wedge \ \overrightarrow{AD} = \overrightarrow{BC}$	☐
$\overrightarrow{AB} \parallel \overrightarrow{CD} \ \wedge \ \overrightarrow{AD} \parallel \overrightarrow{BC}$	☒
$\overrightarrow{AB} \parallel \overrightarrow{CD} \ \wedge \ |\overrightarrow{AD}| = |\overrightarrow{BC}|$	☐
$A + C = B + D$	☒

K.25 Ein Viereck ABCD ist genau dann ein Rhombus, wenn $\overrightarrow{AB} = \overrightarrow{DC} \ \wedge \ \overrightarrow{AC} \perp \overrightarrow{BD}$.

L Geraden im $\mathbb{R}^2$

L.1

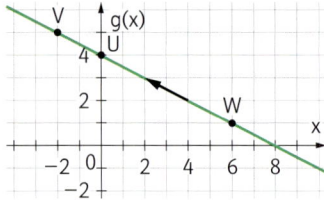

L.2

R	E
S	C
T	F
U	A

L.3 Zum Beispiel: g: $X = (-3|-2) + t \cdot (1|-1)$
g: $X = (2|-7) + t \cdot (-3|3)$

L.4 Nein, denn $\overrightarrow{AP} = (8|-2) \nparallel \overrightarrow{AB}$

L.5 $A = (12|-10), B = (-12|6)$

L.6

g_1	E
g_2	D
g_3	B
g_4	F

L.7 a) h: $X = (1|8) + t \cdot (5|-2)$
b) h: $X = (1|8) + t \cdot (2|5)$

L.8 Zum Beispiel: g: $4x + y = 13$

L.9 Zum Beispiel: g: $X = (0|-2) + t \cdot (5|3)$

L.10

g_1	D
g_2	F
g_3	C
g_4	A

L.11 Zum Beispiel: g: $X = (7|8) + t \cdot (2|5)$

L.12 a)

$X = (0|0) + t \cdot (1|0)$	☐
$X = (0|5) + t \cdot (0|-2)$	☒
$X = t \cdot (0|3)$	☒
$x = 0$	☒
$y = 0$	☐

b)

$X = (0|2) + t \cdot (1|0)$	☒
$X = (1|2) + t \cdot (0|2)$	☐
$X = (1|0) + t \cdot (1|1)$	☐
$x = 1$	☐
$y = 2$	☒

L.13 a)

$X = (5|1) + t \cdot (6|-4)$	☐
$X = (5|1) + t \cdot (2|3)$	☒
$2x + 3y = 13$	☐
$2x - 3y = 7$	☐
$3x - 2y = 13$	☒

b)

$X = (-1|3) + t \cdot (2|5)$	☐
$X = (-1|3) + t \cdot (5|2)$	☐
$X = (1|-2) + t \cdot (-2|5)$	☒
$5x + 2y = 1$	☒
$2x - 5y = -17$	☐

L.14 a) $S = (-6|-4)$ b) $S = (3|-2)$

L.16 a) h: $5x + 6y = 16$ b) h: $-6x + 5y = 54$

L.15

$3x - 2y = 8$	☐
$X = (8|6) + t \cdot (-3|-2)$	☒
$2x + 3y = 10$	☐
$X = (10|6) + t \cdot (2|1)$	☒
$5x - y = 8$	☒

L.17

g_1	E
g_2	A
g_3	C
g_4	D

L.18 Falls $a = 2 \ \wedge \ b = -3$ ist, dann sind die Geraden g und h parallel und verschieden.

L.19 Falls $a = -1 \ \wedge \ c = 1{,}5b$ ist, dann sind die Geraden g und h ident.

L.20

B
A
C

L.21

$4x - 12y = 16$	C
$-3x + 9y = 12$	F
$6x + 18y = 24$	B
$-8x - 24y = 32$	A

L.22 a) unendlich viele Lösungen für $a = \frac{2}{3} \ \wedge \ b = \frac{7}{3}$

b) keine Lösungen für $a = \frac{2}{3} \ \wedge \ b \neq \frac{7}{3}$

c) genau eine Lösung für $a \neq \frac{2}{3}$

L.23 a) $a = -4, b = 7$ b) $a = -6, b = 3$

L.24 a) Richtig: 1., 4. und 5. Gleichungssystem   b) Richtig: 2. und 4. Gleichungssystem